DRC HUBO

휴보,
세계 최고의
재난구조로봇

휴보,
세계 최고의
재난구조로봇

제1판 제1쇄 2017년 1월 20일
제1판 제3쇄 2019년 1월 20일

지은이 전승민
펴낸이 임용훈

마케팅 양총희, 오미경
편집 전민호
용지 정림지류
인쇄 현성인쇄
제본 동신제본

펴낸곳 예문당
출판등록 1978년 1월 3일 제305-1978-000001호
주소 서울시 동대문구 답십리2동 16-4(한천로 11길 12)
전화 02-2243-4333~4
팩스 02-2243-4335
이메일 master@yemundang.com
블로그 www.yemundang.com
페이스북 www.facebook.com/yemundang
트위터 @yemundang

ISBN 978-89-7001-675-7 03550

다르파 로보틱스
챌린지[DRC]로 본
세계 로봇기술의
현주소

휴보,
세계 최고의
재난구조로봇

대한민국 휴보의 [DRC 파이널 2015] 우승 분투기

전승민 지음

예문당

2015년 6월에 미국에서 열린 세계 재난구조로봇 대회 〈다르파 로보틱스 챌린지DARPA Robotics Challenge; DRC 〉에서 우리나라 로봇 '휴보'가 당당히 우승을 차지했다. 다르파 로보틱스 챌린지이하 DRC 는 가상의 원자력발전소 사고 현장에 사람 대신 로봇을 들여보내 냉각수 밸브를 잠그고 나오는 미션을 수행하는 대회로써 로봇이 직접 자동차를 운전하고, 문을 열고, 험지를 돌파하는 등 까다로운 8가지 과제를 최대한 빠른 시간 안에 완수해야 한다.

    주위에서는 이 대회를 수년째 취재한 나에게 "도대체 무슨 의미가 있느냐?"고 묻곤 한다. 흔히 있는 로봇경진대회 중 하나처럼 보이는데 왜 그토록 많은 사람이 호들갑이냐는 것이다. 하지만 나는 DRC 우승이야말로 '대한민국 공학기술 역사에 한 획을 그은 순간'이라고 칭하고 싶다. 그리고 반드시 우리나라 교과서에 등록해야 할 역사적 사실이라고 믿는다.

로봇에 대해 잘 모르는 독자들도 첨단 과학기술의 상징처럼 불리는 '미국항공우주국NASA'이나 세계 정상급 방위산업체 '록히드마틴'의 이름은 들어봤을 것이다. 또 공학기술에 대해 문외한이 아닌 독자라면 세계 최고의 무인 자동화 기계 제작기술을 가진 카네기멜론대학CMU, 인간형 로봇의 원조를 자처하는 일본 산업기술연구소AIST도 그들에 못지 않은 실력과 명성을 갖췄음을 잘 알 것이다. 이들을 한 자리에 모아 놓고 벌인 시합에서 우리나라의 KAIST 연구진이 우승을 얻어냈다면 믿을 수 있겠는가?

KAIST와 로봇 기업 '레인보우'가 이뤄낸 DRC 우승은 대한민국 공학기술에 대한 전 세계인의 시각을 한 번에 바꿔 놓는 계기가 됐다. 대회 이후 "한국 로봇기술은 일본이나 미국 수준과 비교하면 초라한 수준"이라거나 "비싼 연구비 들여 쓸모없는 짓을 한다"는 식의 헐뜯기도 종적을 감췄다. 그 대신 "우리도 로봇 연구를 열심히 하고 있다. 모두의 노력이 토대로 바뀌면서 KAIST 우승에 무형無形의 기여를 했다"는 은근한 '업어가기'식 자기자랑의 목소리가 생겨났다.

국내에서 로봇 휴보를 모르는 사람은 거의 없다. 2004년 휴보가 처음 두 발로 걷는 데 성공했을 당시 많은 국민이 큰 관심을 보였다. 로봇이 사람처럼 두 발로 걷는다는 사실 자체가 놀라웠던 시절이다. 그전까지 공식적으로 걸을 수 있는 로봇은 일본의 '아시모ASIMO' 한 대뿐이었다. 휴보는 순식간에 대전 KAIST는 물론 대한민국 과학계를 상징하는 마스코트가 됐다. 그 성과 자체로도 대단했지만, KAIST 휴보 연구팀은 연구를 멈추지 않고 계속 휴보의 성능을 높여 왔다. 매년 성능을 크게 업그

레이드하며 십수 년을 한결같이 걸어온 결과, 이제는 국제적인 로봇으로 인정받은 것이다. 휴보 연구진의 DRC 우승은 대한민국 역사에 길이 남을 다시없는 성과라고 감히 단언한다.

내가 로봇 휴보를 처음 만난 것은 2004년이었다. 국내에 휴보가 처음 발표되었던 바로 그 해다. 그 후 KAIST 기계공학과 오준호 교수 연구실인 '엠씨랩MC-LAB'은 내 단골 취재 구역이 됐다. 이렇게 10년이 훌쩍 지나며 휴보와 관련된 특종도 여러 차례 보도해왔다. 그리고 지난 2014년엔 10년간의 취재 일기를 모은 책 『휴보이즘』MID출판사을 출간하기도 했다. 우리나라 로봇 휴보의 일대기를 처음부터 끝까지 정리한 유일한 책이었다는 점에서 나름의 자부심을 가지고 있다. 주변에서도 책의 가치를 알아주었는지 생각 이상의 판매고를 올렸고, 발간 직후 '청소년권장도서'에 선정된 데 이어 대한민국 역사기록물로 구분하는 '세종도서'로 등재되기도 했다. 하지만 그만큼 책에 대한 아쉬움도 컸다. 출간 시기 때문에 국내 휴보 연구진의 최대 성과인 DRC 우승 소식을 수록하지 못한 탓이다.

나는 DRC 대회가 처음 시작되던 무렵부터 휴보 팀의 준비과정과 2013년 12월, 2015년 6월의 두 번에 걸친 대회를 모두 현지 취재한 유일한 기자다. 이런 내용을 겨우 원고지 10~12장 분량의 신문기사 한 편으로 끝마친 것은 너무도 아쉽고 안타까웠다. 기존의 책을 가다듬어 '증보판'을 낼까도 고민해 보았지만, 새 술은 새 부대에 담는 것이 현명하다고 판단하고 다시금 노트북을 열었다.

이 책은 DRC란 이름의 독특한 로봇 경진대회에 관해 기술하고 있다.

2012년 대회 출범부터 시작해 2013년 12월에 열렸던 DRC 1차 대회 DRC Trial, 2015년 6월에 열린 DRC 최종 결선 DRC Final 대회, 두 번을 모두 미국 현지에서 취재한 생생한 현장 취재 소식을 담았다. 더불어 새로운 로봇 DRC휴보 DRC-Hubo 를 개발하며 수년을 한결같이 대회를 준비한 연구진들의 노고도 최대한 가감 없이 담아내려고 노력했다. 여기에 더해 '재난·구조로봇' 즉, 위기의 현장에 인간의 목숨을 구할 수 있는 로봇을 어떻게 만드는지, 전 세계 연구진은 그 험난한 과제에 어떻게 도전했는지도 저자가 알고 있는 사실에 따라 최대한 상세히 담으려고 노력했다.

이 책은 한 기자의 취재 수첩과 다름 아니다. 그러나 로봇에 관심 있는 많은 학생 그리고 전문가분들의 무료한 시간을 유익하게 달래줄 한 권의 가치 있는 정보로 기억되길 진심으로 바란다.

2016년 12월. 독자께 바침
전승민

C O N T E N T S

Prologue   004

Task 1 깨달아라, 현실 속에 로봇은 없다

영화 속 로봇은 영화 속에만 있다   017
후쿠시마 원전 사고가 보여준 로봇기술의 현 주소   024
후쿠시마 원전에 투입된 로봇들   028
그래도 기댈 것은 로봇뿐   036

〽️ 숯 기자의 〈로봇 이야기〉 ① 영화 속 시대별 로봇   042
현실 속 로봇과 영화 속 로봇
로봇의 '반란' 막을 법, 규약도 이미 갖춰져 있다

Task 2 미국 방위고등연구계획국(DARPA)의 황당한 제안

로봇을 들여보내 원전을 복구하라   055
예선만 통과해도 연구비 180만 달러를 주겠다   059
세계 정상급 로봇 연구진 '모두' 나섰다   062
한국인 과학자들 '우리도 질 수 없다'   072
DRC를 떠받치는 숨은 실력자 '보스턴 다이내믹스'   077

〽️ 숯 기자의 〈로봇 이야기〉 ② 생각하는 로봇, 정말 만들 수 있을까?   080
인공지능이라는 말 속에 숨은 허상
'진짜 인공지능'은 세상에 없다
인공지능에도 종류가 있다
인공지능의 발달이 가져오는 혜택
'강한 인공지능'을 만드는 방법 있을까?

Task 3 험난한 일정과 세계 최강의 경쟁자들 '우리는 어떻게 할 것인가'

로봇이 '일'을 하기 시작했다   094
신개념 로봇 'DRC휴보' 개발, 역발상으로 승부   100
미국 굴지의 방위산업체 '레이시온'을 누르고 본선 진출팀 '합류'   108

／／／ 숲 기자의 〈로봇 이야기〉 ③ 로봇산업과 인간형 로봇에 숨은 가치   113
인류가 사람을 닮은 로봇을 만드는 까닭
사람을 닮은 로봇=만능형 로봇
공학 기술의 꽃 '인간형 로봇'
그래도 로봇이 미래다

Task 4 드디어 본선, 그러나 찾아온 처참한 패배

자동차 경기장 '개러지' 빌려 진행   126
자만에 가까웠던 자신감, 그리고 처참한 패배   132
차원이 다른 존재, 日 '샤프트' 연구진   138
생각지도 못한 부진, 'NASA'   144

／／／ 숲 기자의 〈로봇 이야기〉 ④ 로봇도 '힘 조절'이 필요하다   150
안정적으로 걷고 일하는 로봇, 어떻게 만들까?
위치제어식이냐 압력감지식이냐
바닥을 피부로 느껴야 성큼성큼 걷는다
외부 환경과 '교감'이 관건

Task 5 무릎을 꿇고 '나를 따르라'고 말하다

DARPA의 한국팀 특별출전 요청　160
제자에게 무릎을 꿇는 리더십… "기본기가 승부의 관건"　165
마침내 모습 드러낸 'DRC휴보Ⅱ'　170

／／／／ 숯 기자의 〈로봇 이야기〉 ⑤ 대한민국 로봇 '휴보' 연대기　176
깡통로봇에서 세계 최고의 재난로봇이 되기까지

Task 6 눈물 속에 영광을 안다

대한민국 로봇 '휴보' 세계를 제패하다!　192
'인간형+특기' 있어야 고성능 재난로봇　198
도대체 일본 연구진에 무슨 일이?　203
"재난로봇은 이제 시작… 상금 전액 연구비에 쓰겠다"　207

／／／／ 숯 기자의 〈로봇 이야기〉 ⑥ 전쟁 로봇을 바라보는 다양한 시각　213
'터미네이터' 로봇이 정말 현실에 등장할까?
유엔(UN)도 전쟁 로봇 활용성·위험성 비교 검토
로봇기술의 발전과 전쟁용 로봇의 발전
전쟁용 로봇도 주체는 결국 '사람'

Task 7 "지배하라. 로봇 코리아!"

휴보는 한국형 인간형 로봇 생태계의 원조   224
로봇이 지배하는 세상은 이미 코앞에 다가와 있다   229
로봇은 미래 경제, 사회 핵심 요건   233
로봇이 만들어 갈 새로운 세상   237

/\/\/\ **Interview**   240
'휴보아빠' 오준호 교수가 말하는 리더십
"식사시간까지 아껴 18개월 연구, 100.000% 준비가 우승 비결"
재난대응로봇대회 1등 이끈 오준호 KAIST 교수

TASK 1

영화 속 로봇은 영화 속에만 있다

후쿠시마 원전 사고가 보여준 로봇기술의 현 주소

후쿠시마 원전에 투입된 로봇들

그래도 기댈 것은 로봇뿐

■ 숏 기자의 〈로봇 이야기〉 ① 영화 속 시대별 로봇

■ 현실 속 로봇과 영화 속 로봇

로봇의 '반란' 막을 법, 규약도 이미 갖춰져 있다

깨달아라,
현실 속에 로봇은 없다

"내 이름은 옵티머스 프라임. 지구를 위협하는 자는 누구든 용서하지 않을 것이다!"

영화 〈트랜스포머〉에는 생각하기 어려울 만큼 뛰어난 성능의 로봇들이 주인공으로 등장한다. 인간 이상으로 뛰어난 지능을 갖고 있는 데다, 자유자재로 변신도 할 수 있다. 그래서 제목부터 '트랜스포머변신자'다.

영화 제작진은 로봇이 이만큼 자유자재로 변신이 가능한 이유를 처음부터 애써 설명하지 않았지만, 2014년 개봉한 네 번째 후속편 〈트랜스포머, 사라진 시대〉를 통해 그럴듯한 설명을 내놓는다. 그것은 금속 물질을 나노 입자로 해체했다가 순식간에 원하는 모양으로 재구성하기 때문에 가능하다는 설정이었다. 그러니 중앙에 있는 코어^핵만 무사하다면 변신은 물론 몇 번을 망가져도 되살아날 수 있는 슈퍼 로봇 영웅이다.

이들 로봇의 정체는 사실 외계에서 온 금속 생명체. 비록 지구에 은신하고 있다고는 하지만, 이들은 자신들과 관계도 없는 '지구인'이란 종족을 목숨 걸고 지켜준다. 온몸이 부서지고, 코어에 상처를 입어 죽을 고비까지 여러 번 넘긴다. 심지어 지구인들로부터 갖은 멸시를 당하기도 한다. 하지만 그들은 항상 묵묵하게 악당 로봇 '메가트론'의 침공을 막아준다. 이들은 왜 이런 불합리한 행동을 하는 걸까? 사실 그들 입장에선 지구를 떠버리면 그뿐일 텐데 말이다.

하지만 관객들은 이들의 까닭 없는 행동을 은연중에 공감한다. 다른 이유는 필요 없고 그들이 그저 '로봇'이기 때문이다. 로봇은 인간을 목숨 걸고 지켜주어야 한다는 전 세계인이 무의식중에 공감하고 있는 규칙, 그런 무언의 약속이 있기에 누구나 이 불합리한 스토리를 불편함 없이 받아들인다.

설정은 제각각 다르겠지만, 사실 트랜스포머 시리즈처럼 인간을 위해 활약하는 로봇이 등장하는 만화나 영화 그리고 소설은 어디서나 쉽게 찾아볼 수 있다. 영화 〈스타워즈〉에 등장하는 로봇 'C3PO'는 사람처럼 지능을 갖고 있고 스스로 생각할 수도 있다. 하지만 주인이 종적을 감추자 스스로 로봇 시장을 찾아간다. 자신을 사러 온 사람에게 '나는 외계어를 할 수 있으며 손가락이 5개여서 사람처럼 복잡한 일도 잘 할 수 있다'면서 스스로 가치 있는 존재임을 강조하기도 한다. 사람만큼 똑똑하지만 그래도 인간을 주인으로 모셔야 한다고 생각하고 있는 것이다. 적어도 이 영화에선 로봇이 원래부터 사람을 돕는 존재, 로봇은 언제나 사람에게 봉사하는 존재라는 무언의 규칙이 정해져 있다.

물론 로봇이 사람을 공격하는 암울한 세상을 그린 영화나 소설도 등장한다. 대표적으로 영화 〈터미네이터〉를 들 수 있다. 이 영화에서는 로봇 군단이 세상을 지배하고 인간을 공격한다. 하지만 거기서도 킬러 로봇 'T-800아널드 슈워제네거 분'이 등장해 주인공 '존 코너'와 '새라 코너'를 듬직하게 지킨다. 영화를 보는 관객 모두가 '로봇은 인간을 위해 봉사하는 존재'라는 생각을 공유하고 있으므로 가능한 설정이다.

사람들은 언제나 인간이 위험에 빠지면 달려와 구해주는 '초인적 존재'인 로봇을 꿈꿔왔다. 우리 어릴 적 보던 수많은 만화영화에 등장하는 거대한 로봇들, 마징가 Z나 태권 V도 마찬가지다. 오죽하면 먼 옛날 우리 부모 세대에 보던 만화영화 〈짱가〉의 주제가엔 '어디선가 누구에게 무슨 일이 생기면 틀림없이 나타난다'란 구절마저 담겨 있었을까.

하지만 현실 속에서는 어떨까. 21세기를 사는 지금, 과연 로봇은 우리를 지키고, 우리를 도와줄 만한 충분한 역량을 갖고 있을까?

STORY 1

영화 속 로봇은
영화 속에만 있다

    대부분의 사람은 냉철하고 이성적으로 판단하는 것처럼 보이지만, 뜻밖에 현실과 허구를 올바르게 구분하지 못한다. 언제인가 TV를 보다가 들은 이야기이다. 우리나라의 노년 배우 한 사람이 대담 프로그램에 출연해 자신이 실제로 겪은 에피소드를 소개하는 자리였다. 그 배우는 연극무대에서 대단한 악역을 맡은 적이 있는데, 공연을 마치고 식사를 하러 간 자리에서 조금 전 관람을 마치고 나온 시민으로부터 그만 뺨을 맞은 적이 있다고 소회를 밝혔다. 연극 속에서 비열한 악당으로 나왔던 사람이 버젓이 식당에 나타나니, 관객 중 한 사람이 그만 격분해서 손을 휘두른 것이다. 그 시민이 연극이 허구이며, 그 배우는 자기 배역에 충실했을 뿐인 선량한 사람이라는 걸 정말로 몰랐을까? 그럼에도 심적으로 연극을 보는 내내 그 배우를 '나쁜 사람'이라 생각했기 때문에 현실에서까지 착각하게 된 것이다.

실제로 이런 일은 정도의 차이만 있을 뿐, 의외로 자주 일어난다. 인기 의료 드라마가 방영되면 의대 지망생 숫자가 늘어나고, 멋진 군인의 영웅적인 모습을 담은 전쟁영화가 흥행에 성공하면 특전사나 해병대 지원자 숫자가 늘어나는 경우 등이 그것이다.

사람들은 어린 시절부터 영화나 만화 속에서 사람들의 목숨을 척척 구해내는 로봇, 주인이 위험에 처하면 하늘을 날고 땅을 달려와 구해주는 로봇을 보면서 자란다. 그리고 영화나 만화 속 로봇이 실존할 거라고 믿는다. 그래서 이런 아이들을 위한 각종 장난감이 수두룩하고, 어린이들을 위한 행사장엔 로봇과 똑같은 분장을 한 배우들이 나타나기도 한다. 만화 속 세상을 현실 속 아이들도 대리만족할 수 있도록 개발된 것이다.

물론 어른들이야 사회생활을 하며 현실감각을 갖게 된 만큼 장난감을 찾는 일은 거의 없다. 하지만 그런데도 은연중에 '어디선가 새로운 로봇이 개발됐다'는 뉴스가 들리면 자신이 가지고 있는 상식과 과학적 지식을 모두 묻어 두고, 즉시 머릿속에 영화 속 하늘을 날아다니던 화려한 로봇을 생각하곤 한다.

우리나라 최고의 교육기관인 'KAIST'에서 인간형 로봇 '휴보'를 처음으로 개발했을 때의 이야기다. 대중에 이 사실이 알려지고 큰 인기를 끌게 되자, 담당 연구진은 대중을 위한 공개 시연회를 열었다. 이때 현장에 참가했던 한 주부는 "우리 아이랑 함께 놀 수 있도록 휴보를 한 대 사주고 싶다. 언제쯤 판매를 시작하느냐. 주문제작을 받아 달라"고 개발자인 오준호 KAIST 교수를 조르기도 했다.

그 주부는 누가 보더라도 고등교육을 받은 것처럼 보였고, 비싼 로봇을 주문하겠다는 걸로 보아 경제적 여유도 충분한 사람이 분명했다. 이런 사람이라면 상식적으로 꼼꼼하게 따져봤을 때 영화 속에서 아이들과 뛰어놀던 그런 고성능 로봇이 현실에 존재하지 않을 거라는 사실을 깨닫는 것이 그렇게 어려웠을 리는 없다. 당시 시연회에서 보여준 휴보의 걸음걸이도 개발 초창기라 다소 불안정했고, 정해진 몇 가지 동작 이외에는 보여주지 못했다. 십수 년이 지난 지금이야 이야기가 다르지만, 당시엔 사람처럼 두 발로 걷는 기계장치를 개발한다는 의미가 더 컸던 시절이다. 하지만 그 주부는 '사람처럼 두 발로 걷는 로봇이 개발됐다'는 뉴스를 듣자 즉시 어릴 적부터 보고 자랐던, 사람에게 봉사하며 아이들과 뛰어놀아주는 로봇을 떠올렸던 것이다.

여담이지만 과학담당 기자로 일하며 이런 독자들의 '눈높이'에 맞춰 기사를 쓰다 보면 곤혹스러운 일이 종종 생기게 된다. 대표적인 예가 '나로호' 발사 사례다. 사실에 따라 "우리나라도 미국이나 러시아처럼 독자적인 우주발사체를 개발하게 됐다"고 보도하면 사람들은 즉시 영화 속에서나 보던, 먼 외계행성을 며칠 만에 찾아 나서는 고성능 우주선을 떠올린다. 그러다가 "아직은 소형 인공위성 한 대 정도를 겨우 지구 궤도에 올려놓을 수 있다"고 설명하면 크게 실망한다. 그리고는 실망감을 표출할 곳이 없으면 그 화살을 과학자들에게 돌린다. "그런 시시한 것 때문에 큰돈을 들여서 개발하느냐. 선진국을 제대로 따라가지 못할 바엔 빨리 때려치워라!"라고 힐난하는 사람마저 등장하는 것이다.

이들에게는 외계 여행을 떠나는 영화 혹은 간혹 뉴스로 보던 NASA미국
항공우주국의 화려한 업적이 평가 잣대이다. 그러니 국내 우주기술의 현
실을 고려하지 못하고 최소한 달이나 화성은 찾아갈 수 있어야 제대로
된 우주발사체라고 생각하는 경향이 있다. 이 상황에 '무게 100kg짜리
소형 인공위성을 쏘아 올렸다'고 하니 당연히 화가 나는 것이다.

현실이 이렇다 보니 막상 큰 사고 같은 것이 일어났을 때 '로봇이 투
입된다'는 말을 들으면 대부분의 사람은 '그래도 뭔가 대단한 일을 해
낼 수 있을 것 같다'는 기대를 한다. 사람이 못 들어가는 위험한 곳도
척척 들어가겠구나, 설마 로봇을 투입했으면 그래도 뭔가 해내지 않겠
느냐고 생각하는 것이다.

하지만 현실은 현실이다. 영화 속 슈퍼영웅과는 너무나 큰 차이가 있
다. 사실 지금도 연구실 한쪽에서 실험적으로 만들어지고 있는 로봇을
보고 있으면 '벌써 여기까지 왔느냐, 대단하다'는 생각이 들기도 하지
만 한편으로는 '도대체 이걸로 뭘 하겠다는 거냐?'는 생각이 꾸역꾸역
밀려들기도 한다.

물론 로봇은 많은 일을 한다. 공장에서 정해진 프로그램에 따라 물건
을 나르거나 용접하는 산업용 기계 중에도 '로봇'이라는 이름이 붙은
것들이 많다. 그러나 적어도 2016년 현재, 세상에는 목숨이 위험한 사
람을 자기 손으로 척척 구해줄 수 있는 로봇은 단 한 대도 존재하지 않
는다. 가정에 들여놓으면 말을 알아듣고, 주부 대신 집 청소를 하고 설
거지를 할 수 있는 로봇도 없다. 그저 수십 년째 설거지 기계나 세탁기
등이 가사를 도울 뿐이다. 근 십수 년 사이 '청소 로봇'이 등장해 자동

으로 움직이고 있긴 하지만, 어디까지나 자동화된 청소기 수준으로 보아야 한다. 연구를 목적으로 개발된 몇 가지 로봇들도 뉴스나 신문 지면에 소개되고 있지만, 이 또한 어디까지나 연구를 목적으로 만들어진 것들이다.

사실 이런 대중의 착각이나 실망은 일부 과학기술자들의 탓도 크다. 영화나 만화 속 미래의 모습이 당장에라도 실현될 것처럼 자신의 연구 성과를 포장하는 경우가 흔하다 보니 과학에 대한 이해가 적은 시민들은 이런 부풀려진 정보를 그대로 믿는 경우가 많다. 이런 태도는 당장 자신의 연구 성과가 조금 더 주목받게 할 수 있을지는 몰라도 결국 사람들이 과학에 불신을 갖게 한다. 이는 결코 과학의 발전에 도움이 되지 않는 태도다. 모두를 위한 과학기술은 국민의 세금이 원천이기 때문이다. 과학계, 그리고 우리 과학전문 기자들도 자신을 돌아보고 반성해야 할 부분은 아닐까.

'로봇'이라는 이름의 뜻

사람들은 '로봇(robot)'이라는 말을 어디나 쉽게 가져다 붙인다. 사람 대신 신문기사를 써주는 컴퓨터 프로그램을 가지고 '로봇 저널리즘'이라고 부르고, 의료용 데이터베이스를 담고 있는 슈퍼컴퓨터를 '로봇 의사'라고 부른다. 몇몇 IT 기업은 바퀴 두 개만 달린, 가슴에 터치스크린이 붙어 있는 태블릿 PC를 가지고도 '가정용 서비스 로봇'이란 이름을 붙여서 판다. 이 제품이 컴퓨터인지, 로봇인지는 누구나 한 번에 구분할 수 있지만 그래도 제품명에는 버젓이 '로봇'이 붙는다.

왜 이렇게 로봇이란 말이 중구난방으로 쓰일까? 이는 제대로 된 기준이 없기 때문이다. 그러니 '로봇'이란 말이 주는 첨단장치의 어감을 자신의 발명품, 또는 상품에 가져다 붙이고 싶어 하는 사람들이 너 나 할 것 없이 사용하고 있다.

'Robot'이란 단어는 본래 노동, 노예라는 뜻을 지닌 체코어 '로보타(Robota)'에서 유래했다. 처음으로 이 단어를 사용한 사람은 체코슬로바키아의 극작가 카렐 차페크(Karel Čapek)였다. 그는 Robota에서 a만 뺀 단어 Robot을 '인조인간'이란 의미로 사용했으며, 그가 1920년에 쓴 희곡 '로섬의 인조인간(Rossum's Universal Robots)'은 Robot이란 단어가 공식적으로 처음 쓰인 작품으로 알려져 있다.

그렇지만 출발부터가 어디까지나 관념적인 단어였을 뿐, 정확한 기준이 있었던 것은 아니다. 물론 현대에는 로봇의 공학적인 기준이 세워져 있다. 하지만 매우 모호한 데다, 사람들이 자신의 각종 발명품이나 기계제품에 멋대로 로봇이란 칭호를 쓰는 것을 막을 강제성이 있는 것도 아니다.

1987년에 설립된 국제로봇연맹(IFR; International Federation of Robotics)은 로봇을 사용목적에 따라 산업용 로봇과 서비스 로봇으로 구분하고 그 기준을 제시하고 있다. 산업용 로봇은 자동제어 및 재프로그램이 가능하여 다용도로 사용될 수 있어야 하며, 3축 이상의 자유도를 가진 산업 자동화용 기계로서, 바닥이나 모바일 플랫폼에 고정된 장치라고 정의하고 있다. 즉 어딘가 고정해 놓고 사용하며, 관절이 3개 이상 붙어 있고, 컴퓨터 코딩으로 작업순서를 정해주는 것이 가능하다면 '산업용 로봇'이라고 불러도 된다는 뜻이다. 사실 이렇게 구분한다면 최근에 등장하는 대부분의 산업용 기계장치는 로봇의 분류에 속한다.

서비스 로봇의 기준은 더 두루뭉술하다. '제조 작업을 제외한 분야에서, 인간 및 설비에 유용한 서비스를 제공하면서, 반자동 또는 완전자동으로 작동하는 기계'라고만 되어 있다. 한마디로 사람이 쓰기 편한 자동화 기계는 죄다 로봇이란 의미다.

국제표준화기구(ISO; international Organization for Standardization)에서 제시하는 로봇의 기준도 이와 크게 다르지 않다. '재프로그램과 자동 위치조절이 가능하고, 여러 가지 자유도에서 물건, 부품, 도구 등을 취급할 수 있는 장치. 다양한 임무 수행을 위해 프로그램화된 장치로 한 손목에 하나 이상의 암(Arm)을 가진 모습을 갖추고 있는 것' 정도로 정의하고 있다. 말을 어렵게 하고 있지만, 그냥 관절이 두 개 이상 붙어 있는 자동화 기계장치면 죄다 로봇으로 보아도 무방하다.

사실 나는 로봇이란 단어가 이렇게 값싸게 쓰이는 것이 매우 불편하다. 다른 책이나 학자가 어찌 구분할지 모르지만, 로봇이란 단어는 그 자체로 '노동'의 의미가 있다. 처음 로봇이란 단어가 쓰였을 때 '인조인간'이란 말로 쓰였고, 단어가 만들어질 때부터 '사람 대신 일을 하는 존재'라는 의미를 내포하고 있다. 그러니 나는 제대로 된 로봇이라면 적어도 사람 대신 일을 하는 팔이나, 사람 대신 짐을 지고 걸을 수 있는 다리, 그 둘 중 한 가지는 갖고 있어야 '로봇답다'고 생각한다.

이 책에서 말하는 로봇의 기준도 마찬가지이다. △기계장치로 된 팔이나 다리를 가지고 있고 △여러 가지 수단으로 스스로 이동할 수 있고 △뚜렷한 작업 목적을 가지고 움직이는 기계장치 정도라면 누가 뭐래도 완벽한 로봇의 기준이 아닐까? 여기에 추가해 사람이 목적을 가지고 어떤 행위를 할 때, 그 노동행위를 기계장치를 이용해 직접적으로 보조하는 형태 즉, '웨어러블 로봇' 같은 형태도 로봇으로 보고 있다.

로봇을 바라보는 기준은 사람마다 다를 수밖에 없다. 누구의 시각이 옳다고 단정하는 것도 올바른 태도는 아니다. 그저 이 책에서 '로봇'이란 단어를 쓸 때는 그런 기준에 따르고 있다는 의미로 받아들여 주면 좋겠다.

후쿠시마 원전 사고가 보여준
로봇기술의 현 주소

　로봇에 대한 대중의 환상과 현실의 괴리가 가장 여실히 드러났던 사건을 꼽으라면 바로 '후쿠시마 원전 사고'를 들 수 있을 것이다. 익히 알려진 대로 이 사건은 2011년 3월 11일, 일본 관측 사상 최대였던 리히터 규모 9.0의 지진이 일어나 초대형 쓰나미가 일본 도호쿠東北 지방을 덮치면서 일어났다. 시커먼 해일이 쏟아져 들어오면서 몇 층이 넘는 건물들이 장난감 조각처럼 휩쓸려 지나가는 영상을 아직도 생생히 기억하는 사람이 많을 것이다.

　이 엄청난 해일은 곧 후쿠시마 제1원전을 덮쳤다. 당시 총 6기의 원자로 가운데 1·2·3호기는 가동 중에 있었고, 4·5·6호는 점검 중에 있었다. 급기야 쓰나미로 인해 전원이 중단되면서 원자로를 식혀주는 긴급 노심냉각장치가 작동을 멈췄고, 결국 3월 12일 1호기에서 수소폭발이 일어났다.

후쿠시마 원전 내부의 모습. 복잡한 기계장치가 어지럽게 널려 있어 사람이 아니면 작업이 힘들어 보인다. 출처: 위키미디어, 가와모토 타쿠오 촬영

후쿠시마 원전 지역의 항공사진. 출처: 위키미디어, 미국 에너지성 촬영

설상가상으로 사고는 연이어 일어났다. 이틀 뒤인 3월 14일에는 3호기에서, 15일에는 2호기에서 수소폭발이 일어났다. 심지어 4호기에서는 수소폭발과 폐연료봉 냉각보관 수조 화재 등이 발생해 방사성물질을 포함한 기체가 대량 외부로 누출됐다.

5일이 더 지나자 사태는 어느 정도 안정되는 듯 보였다. 3월 19일에는 5호기와 6호기의 냉각기능이 완전히 정상화됐으며, 20일엔 1·2호기의 전력복구 작업도 이뤄지면서 1차 고비를 넘긴 것으로 보이기도 했다. 하지만 원전 내부로 스며든 물이 계속 방사능을 가진 채 흘러나오고 있는 것은 아직까지 문제로 지적되고 있다. 후쿠시마 원전은 현재까지도 계속해서 방사성 물질을 바다로 보내고 있다.

자, 이 당시 여러분이 사고복구 책임자라면 어떻게 할 것인가? 원전 내부는 이미 방사성 물질로 가득 찼다. 사람은 들어갈 수 없는 상황인 것이다. 하지만 원자로 내부가 어떤 상황인지 당장 확인이라도 해야 복구계획을 세울 수가 있다.

이 상황에서 해결책으로 고려되는 것은 당연히 '로봇'이다. 실제로 후쿠시마 원전을 관리하던 도쿄 전력이 '로봇을 투입하겠다'고 발표하자 앞서 말했던 것처럼 '이제는 원전을 무사히 복구할 수 있겠구나'라는 기대를 한 사람도 많았다. 사실 어느 정도 로봇기술에 대해선 전문가 소리를 듣는 집단에서 현실과의 괴리를 명확히 짚어내지 못하는 경우를 보면서 적잖이 착잡한 기분이 들었던 기억이 있다.

사실 나라고 그런 마음이 없었을까. 후쿠시마 원전 사고 당시 나는 월간 과학 교양지 「과학동아」 기자로 일하고 있었다. 주로 담당하던 분야는 로봇이나 의료공학, 첨단무기 같은 기계공학 분야로 재난, 재해는 사실 열성을 다해서 달려들 만한 주제는 아니었다. 그런데도 유달리 관심을 가졌던 부분은 역시 로봇기술 때문이다.

'후쿠시마 원전에 로봇 투입' 같은 뉴스를 볼 때마다 '혹시 내가 모르고 있는 숨겨진 로봇이 놀랄 만큼 활약을 해주지 않을까? 기발한 방식으로 기존의 기계장치들을 획기적으로 활용해 이렇게 답답한 상황을 해결해주진 않을까?' 하는 일말의 기대를 하곤 했다. 그러니 관련 소식으로 기사를 쓸 일이 없는 상황에서도 현장 상황을 꼼꼼하게 체크했던 기억이 있다.

하지만 실제로 로봇은 사고현장을 복구하는데 주도적인 역할을 하지 못했다. 더구나 일본은 '로봇 선진국'이란 자부심이 매우 강했다. 주위에서 "세계 최고를 자랑하던 일본의 로봇기술이 이것밖에 되지 않는단 말이냐!"라면서 실망하는 목소리를 내는 걸 여러 번 전해 들었다.

STORY 3

후쿠시마 원전에
투입된 로봇들

그렇다면 후쿠시마 원전 사고 현장에서 로봇은 전혀 활약하지 못했을까? 그렇지는 않다. 분명 로봇은 일정 부분 임무를 수행했고, 지금까지도 적잖은 도움을 받고 있다. 다만 그 활약에 대해 사람들이 만족을 하지 못했거나, 혹은 그런 작은 활약이 주목받지 못해 사람들의 관심에서 멀어졌기 때문이다.

사고 당시 후쿠시마 원전에 가장 먼저 투입된 로봇은 '드론Drone'이었다. 개인적으로는 드론을 로봇으로 구분하는데 이견이 있지만, 이 역시 '자율적으로 목적을 가지고 움직이는 기계장치'라는 기준에서 볼 때는 로봇으로 구분해도 무리가 없다.

도쿄전력은 4월 9일 수소폭발이 발생한 1~4호기 원자로 건물의 상황을 하늘에서 관찰하기 위해 미국의 군사용 소형 드론 '티호크T-Hawk'를 후쿠시마 원전 상공에 띄웠다. 미국 하니웰Honeywell 사가 개발한 이 드론은 원래 하늘에 떠서 적군의 매복 등을 미리 살펴보는 분대 전투지원용 드론이다. 크기는 30cm 정도의 소형이지만 무게는 7.7kg 정도로 꽤 묵직하다. 가솔린 엔진을 탑재하고 있어 강한 힘을 내는 데다 최대 10km 거리에서도 원격조종이 가능하다. 특히 인공위성 위치확인시스템GPS 을 이용해 정확한 위치에서 호버링제자리에 가만히 떠 있는 것 이 가능해 위험지역 정찰에 최적이다.

실제로 이 드론은 꽤 성공적으로 후쿠시마 원전 상공을 정찰했다. 4월 10일 처음으로 원전 상공에서 동영상 촬영에 성공한 데 이어 총 6회에 걸쳐 후쿠시마 원전 지역 하늘을 관찰했다. 자세한 임무 수행일지는 다음 페이지의 표와 같다.

미국의 군사용 드론 티호크(T-Hawk) 의 모습. 출처: 위키미디어, 조너선 W. 토마스 촬영

['티호크'의 후쿠시마 원전 투입 이력]

투입일시	투입목적
4월 10일	1~4호기 원자로 건물 주변 상황 판단
4월 11일	1호기 원자로 건물 상부 관측
4월 14일	1, 3, 4호기 원자로 건물 상부 및 주변 상황 관측
4월 21일	1~4호기 원자로 건물과 터빈건물 사이의 상황 관측
5월 1일	원자력발전소 남측 주변지역 약 5km 반경 상황 확인
6월 14일	1호기 원자로의 덮개 설치 공사에 앞서 건물 및 주변 잔해 상황 확인

그렇다면 원자로 건물 안으로 투입된 로봇은 어떤 종류였을까. 일부에선 일본이 자랑하는 인간형 로봇 '아시모'가 현장에 투입되길 기대했지만 이는 상식적으로 무리한 생각이다. 아시모의 운동성능이 다른 어떤 로봇과도 비교할 수 없을 만큼 특출한 것은 사실이지만, 이와 같은 현장에서는 한 번도 테스트해본 적이 없었기 때문이다.

후쿠시마 원전 사고가 터지자 미국 등 여러 나라가 군사용, 재난지역 탐사용 캐터필러_{전차나 건설장비의 이동수단으로 사용하는}형 로봇을 공급하겠다고 나섰다. 이런 로봇은 이미 상용화돼 군부대 등에서 쓰이고 있는 것들이다. 당시 후보에 오른 로봇만 해도 5종에 달한다.

체르노빌 원전 사고를 계기로 개발된 원자력 재해대응 로봇도 유력한 후보였다. 프랑스와 독일 정부가 앞장서서 개발한 로봇으로 충분한 성능을 갖췄다는 평가가 많았지만, 후쿠시마 원전 관리기업인 '도쿄전력'이 거부했던 것으로 전해진다. 일본은 로봇 강대국의 자부심을 앞세워 자국에서 개발 중인 로봇 '퀸스Quince'를 투입해 내부 상황을 파악하

일본이 개발한 재난구역 탐사로봇 퀸스(Quince)의 모습. 출처: 퓨처로보틱스 홈페이지

려 했다. 외국의 로봇과 비슷한 캐터필러 형태의 이 로봇은 마치 작은 장갑차처럼 생겼으며 무선조종 신호를 받아 험한 지역을 자유자재로 돌아다니며 정보를 전달해주는 역할을 한다.

그러나 퀸스는 결국 현장에 투입되지 못했다. 정확한 원인은 알려지지 않았지만 강력한 방사능을 견디지 못해 포기했다거나, 외부에서 원격 조종하는 시스템이 원전 내부 현장과 어울리지 않았다는 식의 분석이 자주 나온다. 실제로 로봇이 완전히 완성되지 않았다는 지적도 있었다. 일본의 경제지 「닛케이 비즈니스」는 당시 흥미 있는 기사를 실었는데, 2000년에 일본 기업들이 통상산업성의 지원을 받아 원자로 내 작업이 가능한 로봇을 만들기 시작했지만 얼마 안 있어 정부 지원이 끊기고, 세계 최고 수준의 로봇기술을 보유하고 있던 미쓰비시, 히타치,

최종적으로 후쿠시마 원전에 투입이 결정된 팩봇(Packbot). 출처: 아이로봇 사 홈페이지

도시바 등의 기업들이 로봇 개발을 중단했기 때문에 퀸스의 현장 투입을 도울 전문 인력을 찾기 어려웠다는 분석을 내놨다.

결국 최종적으로 후쿠시마 원전에 투입된 로봇은 미국의 아이로봇 iROBOT 사가 개발한 '팩봇Packbot'이었다. 첫 투입은 후쿠시마 제1원전 3호기가 3월 14일 오전 11시경, 수소폭발을 일으킨 후 37일이 경과한 4월 17일이었다. 팩봇은 본체 길이 70cm, 폭 53cm, 높이 18cm로 카메라가 부착된 길이 180cm의 팔을 가지고 있으며, 60도의 급경사도 등판할 수 있을 만큼 뛰어난 능력을 자랑한다. 이 로봇에 팩봇이란 이름이 붙은 것은 짐처럼 포장해 등에 짊어질 수 있기 때문이다. 실제로 미군은 이 로봇을 전쟁용 분대 지원 장비로 수시 활

아이로봇 사
'팩봇(Packbot)'
소개 영상

용하고 있다. 적군이 매복하고 있을지 모르는 지역에 먼저 투입하는 것이다.

도쿄전력 측은 팩봇 두 대를 후쿠시마 원전 3호기에 동시에 투입했다. 본체에 카메라와 방사선 측정기, 산소농도 측정기를 탑재하고 방사성물질이 가득한 원전 내부로 들어간 것이다. 이 당시 팩봇은 실제로 원자로 출입문을 비틀어 열고 들어갔다. 1대는 내부 상황을 측정하고, 나머지 1대는 측정 임무를 띤 로봇과 일정 거리를 유지하면서 제대로 동작하는지를 감시하는 역할을 맡았다. 임무 수행용 로봇의 모습을 살

['팩봇'의 후쿠시마 원전 투입 이력]

투입일자	투입장소	목적 및 성과
2011년 4월 17일 오전	3호기	작업원 원자로 내부 진입 및 체류시간 판단을 위한 방사선 조사
2011년 4월 17일 오후	1호기	3호기의 감마선은 시간당 28~57밀리시버트(mSv/h)로, 1호기는 10~49mSv/h, 2호기는 4.1mSv/h로 판명
2011년 4월 18일	2호기	
2011년 4월 26일	1호기	원자로 압력용기 수리 작업을 위한 배관, 벽 등의 누설여부 확인. 실제로 누설이 없음을 확인했으나 펌프실 부근에서 1120mSv/h의 고선량 확인
2011년 4월 29일	1호기	1층 건물 상황 확인. 격납용기 누설이 없음을 확인
2011년 5월 10일	3호기	원자로 건물 내부의 환경조사
2011년 5월 13일	1호기	원자로 건물 내부의 환경조사. 남동쪽 2중문 부근에서 2,000mSv/h의 고선량 확인
2011년 5월 31일	3호기	원자로 건물 내부 조사
2011년 6월 3일	1호기	원자로 건물 내부의 상황 확인. 1층 남동쪽 배관 주변의 고온 증기누설 확인. 2,000mSv/h의 고선량 확인

로봇 이름	제조회사	특징
팩봇(Packbot)	아이로봇(iRobot)	군사용, 실제 투입
워리어(Warrior)		군사용, 투입되지 않음
드래곤 러너 (Dragon Runner)	퀴네틱(QinetiQ)	군사용, 투입되지 않음
퀸스(Quince)	치바공대	화학 및 방사선 재해 대응 로봇, 투입되지 않음

펴보기 위한 로봇을 한 대 더 딸려 보낸 것이다.

하지만 팩봇의 활약은 원자로 내부에서 2중 문을 열고 들어가 문 주변 1층 공간의 30m 정도를 둘러보는 데 그쳤다. 이것은 그 이상의 공간을 둘러볼 기술력을 인류가 아직 가지고 있지 않다고 보는 것이 옳다. 그 원인으로는 여러 가지를 꼽고 있다. 첫째는 지진 충격으로 인해 원자로 내부에 쌓인 쓰레기가 많아 캐터필러 형태의 로봇으로는 원활한 이동이 어려웠다는 점, 둘째는 강한 방사선의 영향으로 전파 송수신이 원활하지 않았다는 점이다. 무엇보다 2층 공간으로 올라가려면 사다리를 통과해야 했는데, 제대로 된 팔다리가 없는 로봇의 구조상 이를 오르내리는 것도 불가능했다. 또 설사 팔다리가 달린 인간형 로봇을 투입했다고 해도, 이런 상황에서 정확하게 로봇을 조종하는 소프트웨어 기술을 개발한 적도 없었다.

팩봇은 건물 내의 방사선량을 측정하는 데 성공했고, 내부 영상도 일부 확보했다. 하지만 그걸로 전부였다. 당시 원전 내부의 습도가

94~99% 정도여서 로봇에 장착된 카메라가 흐려져 촬영이 어려웠기 때문이다. 도쿄전력 측은 팩봇을 원전 1, 2, 3호기에 번갈아가면서 총 9회 투입하면서 다양한 정보들을 연이어 확인했다. 무엇보다 내부 방사선량의 측정에 성공한 점은 실제로 복구인력을 투입하기에 앞서 방호복의 형태나 작업시간 계획을 세우는 데 큰 보탬이 됐다. 각종 배관의 상태를 확인한 점도 큰 실적이었다. 각종 배관에서 고온 증기 누설을 확인하기도 했다. 매번 내부의 온도와 습도, 산소농도 확인 등의 임무를 수행하는 데도 성공했다. 원전 복구 계획에 큰 도움이 됐던 것은 두말할 나위가 없다.

물론 이를 보고 실망하는 사람도 적지 않았다. 내부를 조금 확인하고 나왔을 뿐, 로봇이 들어가 복구 작업을 벌인 것은 아니지 않으냐는 질타도 있었다. 왜 좀 더 로봇이 활약하지 못했을까? 그동안 로봇을 연구하던 수많은 과학자는 무엇을 했을까 싶은 의구심이 들었던 것이다. "인류의 로봇기술이 이것밖에 되지 않느냐?"는 질타가 쏟아졌고, "하루빨리 재난 현장에 즉시 투입이 가능한 제대로 된 로봇을 개발해야 한다"는 여론이 이어졌다.

STORY 4

그래도 기댈 것은
로봇뿐

기왕 후쿠시마 원전 이야기가 나왔으니 말이지만, 후쿠시마 원전 사고 당시 초반 정찰 목적으로만 로봇이 투입되었던 것은 아니다. 후쿠시마 현장의 '로봇 사랑'은 지금도 현재 진행형이기 때문이다. 아직까지 방사선 수치가 높은 후쿠시마 현장에서 로봇은 큰 가치가 있다. 이 책에서 말하는 '제대로 된 로봇'의 형태와는 다소 차이가 있지만, 아직도 각종 자동화 기기가 계속해서 후쿠시마 현장으로 투입되고 있다.

가장 먼저 로봇의 투입을 요구받은 것은 중장비 분야였다. 후쿠시마 원전에서 연이어 발생한 수소폭발로 인해 원자로 건물 일부가 붕괴되면서 방사성 물질이 묻어 있는 잔해들이 일대에 흩어졌던 것이다. 당시 도쿄전력 발표에 따르면 시간당 1,000밀리시버트mSv/h 정도의 고선량 방사성 잔해들도 원전 주변 부지에서 발견됐다. 이를 복구하기 위해 지금까지 많은 현장에서 쓰이던 자동화 건설장비 등이 속속 도입됐으

무인 공사용 로봇 브로크(Brokk)의 모습. 출처: 위키미디어, 비탈리 쿠즈민 촬영

며 현재까지도 사용 중이다. 특히 바퀴 대신 캐터필러를 붙인 자재수송용 무인트럭 '크라우러 덤프crawler dump'의 경우 활약이 상당히 눈부시다. 사고 후 불과 3개월 사이에 인근 방사선 자재를 치우는데 컨테이너 박스 250개 이상의 분량을 처리해내기도 했다. 이밖에 스웨덴에서 도입한 '브로크Brokk' 같은 모델은 세계 각국의 원자력 시설 해체에 200회 이상 쓰인 적이 있는 자동화 로봇이다. 마치 공업용 작업 로봇 같이 생긴 이 로봇은 4개의 지지대를 펼치면 험한 지형에도 안정적으로 고정할 수 있고, 팔 끝에 드릴이나 집게 등의 다양한 공업 장비를 연결해 무인으로 움직인다. 공장용 작업 팔과 건설 장비를 하나로 합친 것 같은 모델이다.

자재 수송용 '무인' 트럭
크라우러 덤프. 출처:
위키미디어

후쿠시마 원전 사고가 일어난 지 5년이 지난 2016년 지금도 가끔 관련 기사가 올라오는 것을 볼 수 있다. 신형 로봇자동화기기들을 속속 현장에 투입하고 있다는 소식도 들린다. 연료봉이 녹아버린 후쿠시마 제1원전 원자로 1~3호기의 경우 아직 건물 내부와 주변의 방사능 수치가 대단히 높아 인력으로 제염작업을 할 수 없기에 아직도 로봇의 활약에 기댈 수밖에 없다.

사고 후 2년이 지난 2013년 3월, 일본 언론들은 제1원전 안에서 오염 제거 작업을 수행할 로봇이 공개됐다고 보도했다. 일본기업 히타치日立 제작소의 자회사가 국가 보조금으로 개발한 높이 1m의 제염처리용 로봇을 투입하기로 결정한 것이다. 이 로봇은 원격 조종을 통해 일반 수돗물의 수백 배 압력으로 물을 뿜어낸다. 원자로 건물 바닥이나 벽에 붙어 있는 방사성 물질을 제거하는 것이다. 물론 이렇게 뿜어낸 물은 청소를 마치고 동시에 빨아들여 별도로 보관하는 기능도 갖고 있으므로 2차 오

[원전 주변 잔해 처리를 위해 투입, 운영되고 있는 건설, 잔해 처리 로봇]

로봇 이름	제조	특징
탈론(Talon)	미국 퀴네틱(QinetiQ)	군사용. 후쿠시마 원전 3호기 물품반입구 인근을 정찰하는데 활용
크라우러 덤프(Crawler dump)	일본	자재 운송용 무인 차량
밥캣(Bobcat)	미국 퀴네틱(QinetiQ)	군사용, 쓰레기 처리
브로크-90 브로크-330	스웨덴	원자력시설 해체용, 잔해 처리 및 쓰레기 처리

염도 없어 보인다. 이외에도 전자제품업체 도시바는 물 대신 드라이아이스를 분사하는 제염용 로봇을 개발해 투입을 검토한 바 있다.

원전 내부 상황을 좀 더 확실히 파악하기 위한 새로운 정찰용 로봇도 계속 연구되고 있고, 또 투입을 검토하고 있기도 하다. 2015년 6월 30일, 국제원자로폐쇄연구개발기구IRID 와 도시바東芝 는 도쿄전력 후쿠시마福島 제1원전 2호기의 원자로 격납용기 내부를 조사하기 위해 개발한 새로운 전갈형 로봇을 공개했다. 머리와 꼬리에 해당하는 부분에 카메라를 설치하고 원전 내부를 살펴볼 예정이다. 특히 원자로 폐쇄폐로를 위한 공정 가운데 최대 과제가 되는 용융연료연료 파편의 추출을 위해 용기 내 장애물 유무와 손상 상황, 온도와 방사선량을 조사할 예정이다. 이 로봇은 높이 약 9cm, 폭 약 9cm 정도로 크기가 매우 작아 원전 내부 어디든 자유롭게 들어갈 수 있는 것이 장점이다. 이런 로봇은 너무도 많은 종류가 소개돼서 이제는 몇 종류가 언제 투입이 됐는지를 가늠하기도 쉽지 않을 정도다.

앞으로 후쿠시마 원전이 완전히 복구되기까지 얼마나 많은 시간이 필요할지 모른다. 일각에선 수십 년의 시간이 더 필요하다는 주장도 나온다. 방사선 수치가 떨어질수록 사람이 직접 들어가 작업할 수 있는 여지도 높아지겠지만, 그 기나긴 시간 동안 '재난 상황'에 필요한 로봇기술은 한층 더 크게 발전할 것이 틀림없다.

개인적으로는 팩봇을 비롯해 다양한 로봇을 투입해 복구하고 있는 후쿠시마 현장은 현재의 로봇기술 수준에서 볼 때 최적의 성과를 내고 있다고 판단한다. 하지만 대중, 혹은 일부 전문가들에게조차 큰 실망을 가져다주는 사건이기도 하다. 무엇보다 후쿠시마 원전 사고의 성질이 '발 빠른 대응'만 있었다면 더 큰 사태를 막을 수 있었다는 점이 아쉬움을 더한다. 많은 원자력 전문가들은 사고 직후 로봇이 들어가 배관을 잠그는 등의 발 빠른 대응 조치를 했다면 수소폭발 등의 2차 사고는 예방할 수 있었다는 분석을 내놓았다. 그러므로 '왜 사고를 막지 못했느냐'는 질책은 끝없이 타당하다. 과학과 기술을 가진 지식인이라면 인류를 위해 봉사해야 함도 마땅하다.

그러니 '제2의 후쿠시마 사태가 일어날 경우, 그 즉시 투입할 수 있는 로봇기술을 개발해야 한다'는 주장이 힘을 얻는 것은 정해진 수순이었다. 이는 추후 전 세계적인 '재난로봇 개발 열풍'이 몰아친 계기로 작용하게 됐음은 물론이다.

하지만 그런 로봇을 개발하기가 정말로 쉬울까? 그런 로봇은 어떤 기능이 있고, 어떤 모습을 하고 있으며, 도대체 얼마의 노력과 시간을 들여야 만들 수 있는 걸까? 과학자들은 드디어 해답을 찾기 시작했다. '인간을 구하는 로봇을 과연 만들 수 있을 것인가?' 이 캐 묵은 질문에 답을 내놓기 위해 전 세계 과학자들이 달려들기 시작한 것이다. 그리고 미국 방위고등연구계획국DARPA이 주최한 '재난대응로봇 경진대회DRC'가 마침내 막을 올리게 되었다.

현실 속 로봇과 영화 속 로봇

이 책의 전반적인 주제는 '재난로봇'입니다. DRC 대회를 바탕으로 우리나라 로봇 휴보의 활약을 소개하고, 재난·구조 상황에서 활약할 수 있는 로봇에 대한 여러 이야기를 다룹니다. 하지만 다양한 로봇 관련 기술에 대한 소개, 그리고 로봇기술이 발전하면서 생겨나는 '로봇 문화'에 대한 언급을 빼놓을 수 없다는 욕심도 들었습니다.

이 책은 모두 7개의 장으로 이뤄져 있습니다. 각 장의 말미에는 '숯 기자의 〈로봇 이야기〉'라는 제목으로, 로봇 제작 기술에 대한 취재 과정에서 얻었던 소소한 이야기를 알기 쉬운 문체로 풀어 드릴까 합니다.

특히 이 〈로봇 이야기〉 섹션에 실린 글들은 과학 잡지인 월간 「과학동아」와 인터넷 과학포털 「동아사이언스」에 소개했던 다양한 내용을 새롭게 다듬어 소개하고 있습니다만, 이 책을 쓰면서 새롭게 추가한 내용도 포함돼 있습니다. 부디 이 짧은 몇 가지 이야기들이 독자 여러분들이 로봇기술과 문화를 이해하고 받아들이는 데 작은 도움이 됐으면 좋겠습니다.

영화는 사람들의 '기대 수준'을 표현합니다. '사람 대신 일을 해주는 존재가 있으면 좋겠다'는 상상에서 시작된 영화 속 로봇은 이제 인간의 친구, 인간을 위협하는 새로운 종(種)으로 묘사되기도 합니다.

인간을 닮은 '로봇'이 처음 등장한 영화는 1921년 개봉한 이탈리아 영화 〈머캐니컬 맨〉입니다. 이 로봇은 길거리의 가로등과 비슷한 모습을 하고 걸음 속도도 사람보다 느리지요. 주먹 한 번을 뻗는데도 '삐거덕'거리는 등 보고 있으면 '고생이 참 심하네'라는 생각이 들 정도입니다.

시대가 흐르면서 영화 속 로봇들도 점점 진화를 거듭했습니다. 1977년에 시리즈 첫 회가 개봉한 영화 〈스타워즈〉에는 인간형 로봇 'C3PO'와 컴퓨터형 로봇 'R2D2'가 등장하는데, 서로 사람처럼 대화하면서 사건을 진행하기도 하지요. 이 두 대의 로봇은 인간에 필적하는 인공지능을 갖추고 있지만, 그런데도 철저히 인간에 복종하는 존재로 그려집니다. C3PO는 두 발로 걷지만 뒤뚱뒤뚱 걷고, 전투를 벌이기보다는 사람 옆에서 통역, 정보전달 등 보조 역할을 수행하지요.

1980년대에 들어서면서 로봇에 대한 인식은 '인간보다 운동능력은 뛰어난 존재지만 감정이 부족하고, 어딘가 허점을 가진 존재'로 변했습니다. 1984년에 개봉한 영화 〈터미네이터〉에 등장하는 킬러 로봇 'T800'은 골격형 로봇에 인간의 피부를 이식해서 만들었습니다. 대사가 거의 없고, 묵묵하게 제거할 대상을 찾아 움직입니다. 막강한 실력을 갖췄지만, 감성이나 윤리적 판단능력은 거의 없는 존재로 비춰지고 있죠. 1987년 개봉한 영화 〈로보캅〉도 비슷합니다. 사망을 앞둔 경찰관의 신경계를 빌려 썼을 뿐, 사실상 완전한 로봇이죠. 로보캅은 서 있는 자세도, 관절의 움직임도 다소 어색합니다. 팝핀 춤을 추듯 뚝뚝 끊어서 움직이며, 기계적으로 임무를 수행하는 모습이 나옵니다.

1999년의 영화 〈바이센테니얼맨〉은 20세기 말 개봉한 명작이지요. 기존 영화들과 달리 로봇의 '진화'를 처음으로 담고 있다는 점에서 관객들의 흥미

를 끌었습니다. 이 영화의 주인공인 로봇 '앤드루(NDR-114)'는 뒤뚱뒤뚱 걷고, 창밖으로 뛰어내려 버리라는 핀잔을 듣자 정말로 뛰어내려 크게 고장이 나는 등 불완전한 존재로 묘사됩니다. 하지만 우연한 계기로 지능과 감정을 얻고, 인간이 되기 위해 노력하다가 마지막엔 결국 인간으로서 죽는 존재로 그려졌죠.

2000년대에는 똑똑하고 강하지만 비인간적인 로봇이 자주 등장합니다. 〈바이센테니얼맨〉에서 등장한 '인간과 로봇의 경계'가 이후의 영화에 큰 영향을 미친 걸로 보입니다. 2001년 개봉한 영화 〈A.I.〉에 등장하는 로봇 '데이비드'는 식물인간이 된 친아들의 빈자리를 메우기 위해 제작됐지만 식구들과 같은 밥을 먹지 못하고, 다시 살아난 친아들에게 질투를 하며 '인간이 되는 것'을 열망하는 존재로 보이죠.

이 시기의 로봇 액션 영화는 '사람보다 더 뛰어난' 운동 성능을 보인다는 설정이 자주 등장합니다. 2004년에 개봉한 영화 〈아이, 로봇〉에 등장하는 로봇은 중국 무협영화 고수에 필적하는 운동성능을 자랑합니다. 영화 〈아이언맨〉도 마찬가지입니다. 소형 원자로를 에너지원으로 삼아 빠르게 날아다니죠. 과학의 발전으로 언젠가는 인간 이상으로 뛰어난 성능을 가진 로봇이 등장할 거라는 기대가 영화 속에서 표출된 셈입니다.

2011년 들어 등장한 로봇영화는 '현실감'에 방점을 두고 있습니다. 2011년 영화 〈리얼스틸〉에 등장하는 복싱로봇은 로봇의 '운동능력'에 주목했습니다. 컨트롤러를 들고 로봇의 움직임을 조종하면 로봇들이 그에 따라 움직이거나, 인

간의 행동을 보고 그것을 모방해 움직이는 식이지요. 철컹철컹 소리를 내며 '기계답게' 움직이지만 현실적으로 가능해 보일법한 동작을 호쾌하게 묘사했습니다. 많은 로봇영화가 개봉되었지만, 초인적인 로봇의 모습이 다소 비현실적이라고 느끼기 시작하던 시절이라 개인적으로는 대단한 수작으로 평가하고 있습니다.

이런 액션의 변화와 함께 최근에는 지능과 감성을 갖춘 로봇이 인간과 서로 갈등을 겪는다는 묘사도 자주 등장합니다. 로봇이 지능과 감성을 얻는다면 어떻게 될지가 관람객들의 화두로 떠오른 것입니다. 2014년 2월 리메이크 작품으로 개봉된 영화 〈로보캅〉은 철컹대는 금속 갑옷을 입고 있던 로봇에서 그래핀(탄소단원자층, 21세기 첨단 소재로 주목받고 있다) 소재의 방탄복을 입고, 인간 특수요원 같은 자연스러운 운동성능을 갖춘 모습으로 다시 태어났습니다. 과거의 로보캅은 로봇 액션이 큰 볼거리였지만, 이 영화는 주인공과 로봇이 겪는 정체성에 주목합니다. 2015년 1월에 개봉한 영화 〈엑스마키나〉는 고도의 지능을 갖춘 로봇 여주인공이 인간 남성을 유혹하는 내용을 담고 있기도 합니다.

로봇의 '반란' 막을 법, 규약도 이미 갖춰져 있다

로봇에 대한 인간의 관념과 사회적 역할이 커지면서 '법과 제도'의 발전이 필요하다는 주장도 꾸준히 제기돼 왔습니다. 과연 어떻게 하면 로봇을 효율적으로 통제할 것인가, 그 규칙을 정하고 고민하자는 것입니다.

이때 가장 자주 거론되는 개념이 바로 '로봇 3원칙'입니다. SF(과학픽션) 작가 '아이작 아시모프'가 1942년 단편소설 『런어라운드Run around』에서 처음 소개한 것으로, 영화 〈아이, 로봇〉이나 그 원작소설에도 이 원칙이 나옵니다.

로봇 3원칙은 '로봇은 인간을 위험에 처하게 하면 안 된다(1원칙), 1원칙에 어긋나지 않는 한 로봇은 인간의 명령을 들어야 한다(2원칙), 1, 2원칙에 어긋나지 않는 한 로봇은 자신을 지켜야 한다(3원칙)'는 로봇이 지켜야 할 가장 기본적인 규정입니다. 즉 로봇의 지능을 프로그램할 때 이 세 가지 원칙을 반드시 지키도록 한다면 안전하고 언제든지 통제할 수 있다고 생각한 것입니다.

이 원칙은 우리나라에서 실제로 산업표준으로 쓰고 있습니다. 2006년 산업자원부(현 '산업통상자원부')는 '로봇 안전행동 3대 원칙'이란 이름으로 서비스 로봇이 갖춰야 할 안전지침을 만들어 KS규격으로 제정했습니다. 인간 보호와 명령복종, 자기보호가 기본인 아시모프의 3원칙을 그대로 가져왔지요.

물론 실효성을 위해 세칙도 만들었습니다. 1원칙으로 △충돌, 끼임 등의 기계적 안전 △감전, 과열 등의 전기적 안전 △전기자기파 적합성 등 환경적 안전을 확보하도록 규정했습니다. 2원칙은 △인간공학적 설계 △사용자 편의 인터페이스 구현도 고민하도록 했습니다. 이 세 가지 3원칙에 따라 모든 공학자는 △기계적 강도 유지 △네트워크 보안 기능 확보 기능 같은 세부사항을 설계 및 제조단계부터 고려해야 합니다. 그러니까 우리나라에서 로봇은 이미 로봇 3원칙에 따라 제조되고 있는 셈입니다.

최근에는 로봇이 인간보다 더 고도의 지능을 가질 것을 우려해 새로운 '두 가지 프로토콜(규약)'이 등장한 적도 있습니다. 이 개념은 2014년 개봉한 영화 〈오토마타〉에서 소개되어 로봇공학자나 인공지능 학자들 사이에서 화제가 되고 있습니다.

우선 첫 번째는 '로봇은 생명체를 해치거나, 죽도록 방치하지 않는다'이며 두 번째는 '로봇은 자신이나 다른 로봇을 고치거나 개조할 수 없다'고 규정하고 있습니다. 개조와 수리를 막은 것은 인간이 정해준 것보다 뛰어난 기능을 로봇이 갖게 된다면 통제를 벗어날 수 있기 때문입니다. 고장이 나도 인간만이 고

칠 수 있으므로 반란의 여지도 사라지지 않을까요? 영화는 이런 규칙을 깨고 스스로 자기를 수리하는 로봇이 등장하면서 겪는 사회적 혼란을 다루고 있습니다.

물론 이런 이야기는 모두 어디까지나 '미래에 로봇 기술이 더 발전한다면 어떻게 될까?'를 놓고 철학적 고민을 한 결과일 뿐입니다. 실제로 로봇 개발에 참여하고 있는 전문가들은 로봇이 자율적으로 판단하고 사고하지 못하는 현재 수준에선 공연히 로봇의 반란을 막을 우려를 하는 것이 그저 '호들갑처럼 느껴진다'고 말하는 경우도 있습니다.

어떤 영화든 영화는 현실이 아닌 허구일 뿐입니다. 로봇이 영웅처럼 사람을 구하는 스토리는 아직 현실에 없지요. 하지만 영화 속 꿈을 현실로 만드는 일이 과학자들의 역할이고, 모두의 바람이기도 합니다. 그런 미래의 로봇을 꿈꾸는 과학자들이 오늘도 실험실 불을 밝히며 연구에 매진하고 있는 것이지요.

TASK 2

로봇을 들여보내 원전을 복구하라
예선만 통과해도 연구비 180만 달러를 주겠다
세계 정상급 로봇 연구진 '모두' 나섰다
한국인 과학자들, '우리도 질 수 없다'
DRC를 떠받치는 숨은 실력자 '보스턴 다이내믹스'

■ 숏 기자의 〈로봇 이야기〉 ② 생각하는 로봇, 정말 만들 수 있을까?

인공지능이라는 말 속에 숨은 허상
'진짜 인공지능'은 세상에 없다
인공지능에도 종류가 있다
인공지능의 발달이 가져오는 혜택
'강한 인공지능'을 만드는 방법 있을까?

미국 방위고등연구계획국 (DARPA)의 황당한 제안

과학기술에 관심이 많은 사람은 '미국 방위
고등연구계획국DARPA; Defence Advanced Research
Projects Agency'이란 이름을 알고 있을 것이다. 1958년 설립된 DARPA는
원래 군사 연구뿐 아니라 항공우주 연구 목적도 가지고 있다. 하지만
당시 항공과 우주기술만큼은 전담부서가 필요하다는 여론이 높아지자
지금의 미국항공우주국NASA을 분리해 독립기관으로 만들고, DARPA는
군사기술 관련 연구만 진행하는 부서로 남았다. 쉽게 말해 DARPA는 그
유명한 NASA와 뿌리를 같이 하는 기관이다. 세계 첨단 과학기술의 상
징 같은 곳이라고 칭해도 무리가 없다.

DARPA는 미국 국방성 산하 기관이다. 주 업무는 각종 군사기술, 또
는 군사기술로 응용할 수 있는 많은 첨단연구를 지원하는 일을 한다.
과학자가 직접 개발을 하기보다는 연구 과제를 제안하고, 전문적인 연
구자들을 찾아 연구비를 주고, 진행 상황을 확인하는 등 연구관리 기관

의 성격을 갖고 있다. 많은 사람이 DARPA를 우리나라 '한국연구재단'의 업무형태와 비교하는데, 연구비를 지원한다는 점에서는 비슷하지만, 사실 업무형태는 차이가 크다. DARPA는 연구 과제를 발굴하고, 직접 개발과정을 꼼꼼히 챙긴다. 자신들이 연구목표를 세우고, 마일스톤 일정계획표까지 구성한 다음, 필요한 연구 역량만을 '아웃소싱'하는 형태에 가까우므로 직접 연구개발을 주도한다고 해도 무리가 없다. 반대로 연구재단은 연구자들의 제안을 받아 지원하고 관리감독은 하지만, 연구 과정에서 매번 꼼꼼하게 관여하지는 않는다.

DARPA를 놓고 '사람의 목숨을 앗아가는 전쟁 활동을 부추기는 기관'이라고 단정 짓는 사람도 있는데 이는 다소 어폐가 있다. 어느 것이나 양면성은 존재하는 법이고, 사실 군사기술은 전쟁의 억제 목적도 어느 정도 있다. DARPA의 연구개발 활동 역시 인류에게 긍정적으로 작용한 것이 훨씬 많았다. DARPA의 과거 이름은 'DDefence'를 뺀 'ARPA'이다. 그리고 인터넷Internet의 과거 이름이 바로 '아르파넷ARPAnet'이다. 쉽게 말해 DARPA는 인터넷의 개발을 처음 주도했던 기관인 것이다.

DARPA는 '챌린지Challenge'란 이름을 붙여 공모과제를 자주 운영하는 것으로도 유명하다. 높은 상금을 걸고, 예선과정에서 선발된 팀에는 연구비까지 지원한다. 그들에게는 경진대회 운영조차 연구개발의 일환인 셈이다. "제한시간 안에 여기까지 연구해서 돌아와라. 몇 월 며칟날 시합을 하겠다. 가장 잘한 사람에겐 상금도 주겠다." 이들은 이렇게 말한다. 이런 대회를 통해 무인 자동차자율 주행 자동차의 상용화 열풍을 촉발한 것 역시 DARPA다.

DARPA의 챌린지 대회 중 가장 유명한 대회는 2004~2005년에 개최한 '그랜드챌린지'와 2007년 개최한 '어반챌린지'다. 그랜드챌린지는 무인 자동차로 사막 지역의 비포장도로 주행을 겨루는 시합이다. 하지만 그 당시 기술로는 자동차가 운전자 없이 주행한다는 것 자체가 불가능하게 여겨졌다. "나는 자동차가 무인無人으로 시내를 달리게 만들 수 있다"는 말을 하면 정신 나간 사람 취급을 받기 딱 좋던 시기였다.

2004년 대회는 미국의 모하비 사막 지역 I-15번 고속도로의 캘리포니아 주 바스토와 캘리포니아-네바다 주 경계의 프림Primm 사이의 240km 구간에서 열렸는데, 단 한 대도 완주에 성공하지 못했다. 1위를 했던 카네기멜런대학교 팀이 고작 11.78km를 달려나가다 길을 잃고 정지한 게 전부다. 하지만 불과 1년 사이에 기술은 급속도로 변했고, 2005년에 열린 경기에서는 5대의 팀이 이 긴 코스를 완주하기에 이른다.

그리고 이 기술은 마침내 시내 주행으로 이어졌다. 이 무인 자동차 대회는 '어반챌린지'란 이름으로 다시금 열렸다. 이 대회는 2007년 11월 3일 폐쇄된 캘리포니아 빅터빌 소재 조지 공군기지현재는 서던 캘리포니아 병참 공항에서 열렸다. 경기 코스는 총 96km60마일. 도심 속 구간을 6시간 이내에 완주하는 것이다.

DARPA의 속내야 쉽게 짐작할 수 있다. 국방기술 개발 부서인 만큼 군사적으로 이익이 없는 기술에 투자를 할 거라고 보긴 어렵고, 내심 이 대회를 통해 무인 군용수송 차량 기술을 획득하고 싶어 했을 것이다. 하지만 이 대회의 효과는 금방 사회 전체에서 긍정적으로 파급되기 시작했다. 어반챌린지 대회에서 우승한 미국 카네기멜런대학교 연구진

무인 자동차 대회인 '어반챌린지' 진행 모습. 우승을 차지한 카네기멜런대학교의 '타르탄 레이싱' 팀의 자동차가 시내를 가로 지르고 있다. 출처 위키미디어, 롭 NREC 촬영

은 무인차 상용화의 효시로 불리는 '구글Google'에 관련 기술을 이전한 결과 꾸준한 상용화 준비가 이뤄지고 있다.

2016년 현재, 무인 자동차의 현실화를 의심하는 사람은 아무도 없다. 구글의 무인 자동차는 지금까지 총 10여 회 사고를 일으켰지만 모두 '가해자'가 아니라 '피해자'인 것으로 밝혀졌다. 사람이 운전하는 주변의 자동차가 무인 자동차를 들이받은 것이다. 구글의 자율주행 연구팀은 블로그를 통해 "지금껏 193만km를 운행하는 동안 단 한 번도 딱지를 끊은 일이 없다"고 자랑하기도 했다. DARPA 덕분에 이젠 운전면허가 없이도 자동차를 살 수 있는 세상이 코앞에 다가온 것이다.

로봇을 들여보내
원전을 복구하라

　이처럼 '황당한 과제'를 던져 놓고 전 세계 연구진의 참가를 독려하길 좋아하던 DARPA가 이번에는 전 세계 과학자들에게 새로운 '챌린지도전'를 요구했다. 2012년 4월 1일. 후쿠시마 원전 사고 이후 약 1년 만에 추진된 이 공모과제 겸 기술경진대회의 이름은 바로 'DRCDARPA Robotics Challenge.' 우리나라에선 딱히 이름을 붙이기 어려워 '세계 재난구조로봇대회' 등으로 부르기도 한다.

　후쿠시마 원전사고 당시 사고 현장에 제대로 투입할 로봇이 없어 피해를 더 키웠다는 사실을 안타까워하던 DARPA가 "우리가 연구비와 상금을 지원하겠다. 원전에 걸어 들어가 공장 내부를 복구할 수 있는 로봇을 만들어 볼 사람이 있느냐? 로봇을 만들어가지고 모여서 대회를 해보자!"라고 공고를 낸 것이다.

　당시 DARPA의 공고를 처음 접했을 때 나는 '어이가 없다'는 생각부터 들었다. 전문가라고 하긴 어렵지만, 나 역시 공학 분야 취재를 오랜 기간 동안 해왔다. 과학 분야 전문기자로서 로봇 분야에 집중해 취재한 것이 10여 년에 달한다. 적어도 현실 세계의 기술 수준을 가늠할 만한 식견은 갖추고 있다고 생각한다. 하지만 그런 내가 보기에도 당시 DARPA의 요구는 너무나 황당했다.

추후 규칙이 여러 번 바뀌기는 했지만, 2012년 DARPA가 처음 내놓은 요구는 총 8가지였다. 즉 대회에 참가할 로봇은 다음의 8가지 기능을 모두 수행할 줄 알아야 한다는 뜻이다.

PLUS PAGE

- 첫째, 로봇이 지정한 장소까지 자동차를 직접 운전해서 몰고 들어갈 것(Drive a utility vehicle at the site).
- 둘째, 자동차에서 내린 다음 울퉁불퉁한 돌무더기를 넘어들어갈 것(Travel dismounted across rubble).
- 셋째, 진입로를 막고 있는 잔해를 치워낼 것(Remove debris blocking an entryway).
- 넷째, 문을 열고 건물 즉, 원자력 발전소 안으로 들어갈 것(Open a door and enter a building).
- 다섯째, 작업용 사다리를 기어 올라간 다음 공장 내부의 작업자용 통로를 통과할 것(Climb an industrial ladder and traverse an industrial walkway).
- 여섯째, 도구를 이용해 콘크리트 패널에 구멍을 뚫을 것(Use a tool to break through a concrete panel).
- 일곱째, 냉각수가 새고 있는 파이프를 돌려서 잠글 것(Locate and close a valve near a leaking pipe).
- 여덟째, 소방호스를 소화전에 연결하고 밸브를 열 것(Connect a fire hose to a standpipe and turn on a valve).

2012년 당시에 이 규칙을 처음 읽어봤을 땐 말문이 막히지 않을 수 없었다. DARPA가 현실감각을 잃어버린 건 아닐까 하는 생각도 했다. 그게 뭐 어렵냐고 할 사람도 있겠지만, 인간형 로봇의 운동성능은 사실 매우 제한적이다. 그 당시 달리기가 가능한 로봇이라고는 일본의 아시모와 파트너, 우리나라의 휴보 정도뿐이었다. 그것도 매우 잘 정돈된, 어느 정도 연출된 환경에서나 가능한 일이었다. 또한 울퉁불퉁한 험지를 걸어 다니거나 사다리를 기어 올라갈 수 있는 로봇은 세상에 단 한 대도 없었고, 눈앞에 쌓인 각종 잔해를 치워내고 길을 걸어갈 수 있는 로봇 따위가 있을 리 만무했다. 평소 친하게 지내던 한 로봇전문가는 "DARPA가 드디어 미친 것 같다!"고 말하기까지 했다.

물론 일부 연구기관에서 실험적으로 요리하거나 접시를 나르는 로봇 정도는 개발한 적이 있다. 그러니 '설계만 제대로 한다면' 밸브를 잠그고, 장애물을 치우는 정도는 어느 정도 여지가 있을지 모른다는 생각을 막연히 했던 적은 있었다. 하지만 자기 손으로 도구를 집어 든 다음 벽을 부수는 로봇은 단 한 대도 보지 못했다. 사다리를 기어오르는 로봇도 마찬가지다. 당시에 내가 계단을 오르내리는 모습을 실제로 확인한 로봇은 일본 혼다가 개발한 아시모, 우리나라 KAIST가 개발한 휴보가 전부였다. 그 외에 미국 국방성이 직접 개발을 주도했던 군사용 인간형 로봇 '펫맨PETMAN' 정도가 겨우 계단을 오르내릴 수 있을 것으로 생각됐다.

물론 DARPA는 군사과학기술 전문 연구기관이다. 그러니 DARPA가 내심 원한 건 재난구조상황과 '비슷한' 환경에서 활약할 수 있는 로봇,

보스턴 다이내믹스가 개발한 로봇 '펫맨(PETMAN)'의 모습. 화생방 방어복을 입혀 놓으면 사람과 구분이 가지 않을 정도로 흡사하다. 출처: 유튜브 동영상 캡처

털어놓고 말해 전쟁 상황에서 활약할 수 있는 '터미네이터' 같은 로봇을 만드는 기술이었을 것이다. 하지만 이런 로봇기술이 있다면 언제든 재난 현장에서 사람을 대신해 큰 피해를 막을 수 있다는 점에서 기술의 발전 자체는 긍정적인 것이 사실이다.

이 황당한 로봇 경진대회에 DARPA가 내건 1위 상금은 200만 달러. 당시 환율로도 22억 원이 넘었다. 역대 기술경진대회에서 이 정도로 많은 액수를 내놓은 경우는 그랜드챌린지나 어반챌린지 정도였다. 사실 DARPA가 내건 것은 상금뿐이 아니다. 예선을 통과해 참가가 결정된 연구기관에는 풍족한 연구비도 지원하기로 약속을 했다. 한 마디로 "떨어질 걱정하지 말고 한번 도전이나 해봐라. 최종 경합에서 떨어져도 연구비는 건지지 않겠느냐?"고 전 세계 로봇 과학자들을 부추긴 것이다.

예선만 통과해도
연구비 180만 달러를 주겠다

DRC 대회의 구성은 다소 복잡하다. DARPA는 우선 참가팀을 A, B, C, D의 4개 트랙으로 나누었다. '로봇을 만들어 대회에 도전한다'는 최종 목적은 모두 같지만 참가하는 트랙에 따라 연구방법도, 연구비 지원 액수도 달라진다.

우선 트랙 A와 트랙 B를 살펴보자. 이 두 그룹은 DARPA 전문가 그룹의 기술평가를 거쳐 선발하는데, 제안서를 낸 여러 대학 중 대회에 참가할 만한 기본적인 역량이 되는지를 살펴보고 합격, 불합격 판정을 내는 식으로 참가팀을 뽑았다. 이는 당연한 과정이다. 당시 DARPA는 트랙 A 합격 팀에는 180만 달러를, 트랙 B 합격 팀에는 37만 5,000달러씩을 지원했다. 불과 1년 정도의 연구비로 이만한 돈을 내놓는 것은 유례가 없는 일이었다.

그런데 트랙 A팀과 트랙 B팀은 왜 이렇게 연구비에 차이가 났을까?

알고 보면 그 이유는 간단하다. 트랙 A의 경우는 로봇의 몸체와 제어프로그램을 모두 직접 개발해야 하지만, 트랙 B의 경우는 나중에 로봇을 한 대 주기로 약속을 하는 대신, 로봇의 제어프로그램만 만들면 된다. 컴퓨터 시스템 구매비와 개발팀 인건비 정도만 들어가면 되는 일이니 이 정도면 충분하다고 본 것이다. 그리고 37만 5,000달러도 적은 액수는 아니다. 나중에 중간 심사를 통과하기 전까지는 컴퓨터 속에서만 움직이는 로봇 시뮬레이터 프로그램만 설치해서 연구하고, 정식 대회 전에 고성능 로봇 한 대씩을 실제로 공급받는 방식이기 때문이다.

그렇다면 트랙 C와 트랙 D는 뭘까? 이 두 그룹은 연구비를 받지 않고, 대신 심사도 받지 않는다. 자율로 참가할 수 있으므로 참가신청서만 접수하면 된다. 트랙 A나 트랙 B로 참가하는 팀은 DARPA에서 연구비를 받고 진행하지만, 직접 자기 돈을 써서 개발하고 싶은 사람은 그렇게 하라는 뜻이다. 심사에서 떨어진 사람들도 다시 도전해 볼 수 있도록 기회를 열어주는 의미이기도 하고, 더욱 많은 사람들이 도전하도록 해서 대회의 수준을 더 높게 끌어올리려는 의도도 있다. 트랙 C는 트랙 B처럼 로봇의 제어 프로그램만 짜면 되며, 트랙 D는 트랙 A처럼 자신이 직접 로봇 몸체까지 모두 개발해야 한다.

2012년 초, DARPA가 트랙 A로 선정한 팀은 7팀, 트랙 B로 선정한 팀은 11팀이었다. 그리고 트랙C로 도전해보겠다고 신청서를 낸 팀은 무려 115팀이나 됐다. 컴퓨터만 있다면 어느 팀이나 쉽게 도전해 볼 수 있었기 때문이다. 의외로 트랙 D로 도전하겠다고 나선 팀도 4팀이나 있었다.

DARPA에서 반드시 두 팔과 두 다리가 달린 '인간형 로봇을 만들어 오라'고 주문한 적은 한 번도 없다. 하지만 뜻밖에 거의 대부분의 팀이 인간형 로봇을 만들기로 했는데, 이는 대회의 성격이 '재난현장'에 맞춰져 있기 때문이었다. 트랙 B나 트랙 C팀이 나중에 제공받게 될 로봇도 고성능 인간형 로봇이었다.

상황이 이렇다 보니 DRC는 '전 세계 인간형 로봇의 성능을 겨루는 각축장'이 될 확률이 높았다. 이는 어찌 보면 당연한 일이다. 다리를 기어 올라가고, 공장 밸브를 잠그고, 자동차를 운전하는 등의 다양한 임무를 활용하려면 사실상 다른 형태의 로봇을 생각하긴 어렵기 때문이다.

세계 정상급 로봇 연구진
'모두' 나섰다

당시 로봇공학계에서 가장 주목을 받은 건 역시 트랙 A로 도전하는 7개 연구진이었다. DARPA의 공식 후원을 통해 180만 달러의 연구비를 사전에 받고 대회 출전을 준비했다는 사실만으로도 이미 세계 정상급 실력을 갖췄다는 걸 인정받은 것이기 때문이다. 이들 팀의 명맥을 살펴보면 전 세계적으로 유명한 연구진이 대부분 참여하고 있다는 것을 알 수 있다.

당시 7개 팀 중 가장 주목받았던 팀은 역시 '미국항공우주국NASA' 연구팀이다. NASA에서만 두 개의 연구팀이 출사표를 던졌는데, 첫 번째 팀은 'NASA 존슨우주센터JSC'였다. NASA의 출전이 발표되자 'DRC는 대학이나 기업 연구진들의 아이디어 경진대회 성격도 있는데 너무하는 것 아니냐?'는 이야기가 흘러나오기도 했다.

JSC의 공식 명칭은 '린든 B. 존슨 우주 센터Lyndon B. Johnson Space Cen-

ter.' 미국 텍사스 주 휴스턴에 있는 우주 센터로 미국의 모든 유인 우주
계획을 총괄하는 본부다. 사실상 NASA에서 뭔가 일을 벌였다고 말하
면 대부분 이곳이 중심이 된다. 1969년 7월에 우주비행사들의 첫 번째
달 착륙을 지휘한 곳이 바로 여기이며, 미국의 우주비행사를 훈련시키
고, 또 모든 NASA의 우주선을 지상에서 관제하는 총본부이기도 하다.
각종 우주선을 개발하거나, 각종 실험을 진행하는 것도 이곳에서 한다.
JSC엔 다양한 실험시설이 있는데, 우주 공간이나 달에서 일어나는 큰
온도의 변화, 우주의 진공 상태, 비행할 때의 흔들림까지도 재현할 수
있다. 쉽게 말해 각종 기계제어 및 로봇, 항공우주기술과 관련해 이곳
보다 뛰어나다고 말할 수 있는 연구기관은 지구 위에 아마 단 한 곳도
없을 것이다.

JSC는 이전부터 뛰어난
성능의 인간형 로봇을 갖고
있었다. 이 로봇의 이름은
'로보너트Robonaut.' 원래는
하체가 없는 상반신 로봇이
다. JSC는 현재 로보너트를
지구 궤도를 계속 돌고 있
는 국제우주정거장ISS에 보
내서 유사시 사람 대신 우
주선을 조종하는 '로봇 우
주 조종사'로 활용하고 있

→ NASA JSC에서 개발한 인간형 상체 로봇 '로보
너트(Robonaut)'의 모습. 출처: NASA 홈페이지

다. JSC는 이 로봇을 두 다리로 걸을 수 있게 만들어 대회에 참가하겠다고 밝혔다. 당시엔 이름이 정해지지 않았지만 추후 이 로봇에 '발키리'란 이름을 붙였다.

두 번째 팀은 바로 NASA 제트추진연구소, JPLJet Propulsion Laboratory이다. 사실 기계공학자로서 특급 실력을 갖추고 있는 사람이라면 JSC는 어떻게든 상대해볼 수 있을 거로 생각할 만도 하다. JSC는 유인우주인 프로그램을 주로 해왔기 때문에 무선 로봇제어기술 분야 즉, DRC 같이 원격으로 중소형 로봇을 잘 제어하는 대회에서는 '우리가 잘만 한다면 꼭 못 이길 상대도 아니다'라는 생각이 들 법하기 때문이다.

하지만 JPL의 이름은 이런 의욕조차 꺾어버릴 정도다. JPL은 미국 캘리포니아 주의 로스앤젤레스 인근에 자리한 '캘리포니아 공과대학교 Caltech; California Institute of Technology'에서 운영하고 있으며, 주요 업무는 NASA 무인 탐사 우주선 등의 연구 개발 및 운용이다. 쉽게 말해서 현재 화성 표면을 누비면서 각종 임무를 수행하고 있는 로봇 즉, 태양계 행성탐사에 나섰던 원격 조종 로봇 대부분을 이곳에서 만들었다.

JPL이 이렇게 뛰어난 기술을 가지게 된 연원은 2차 세계대전 이전으로 거슬러 올라간다. 고성능 미사일 무기는 기술적으로는 로봇으로 분류해도 무리가 없는데, 자율적으로 판단하고 각종 날개, 추진 장치 등을 조종해 원하는 궤적을 따라 날아가게 하려면 대단히 뛰어난 기계공학 기술이 필요하기 때문이다. JPL은 2차 세계대전 당시 독일이 개발했던 탄도 미사일 'V-2' 로켓을 분석해 미국 최초의 단거리 탄도 미사일

NASA JPL에서 개발한 화성탐사 로봇 큐리오시티(Curiosity)의 모습. 출처: 위키미디어

인 '코포럴 전술 지대지 유도 미사일'을 개발한 곳으로 알려져 있으며, 이 기술이 점점 발전하면서 각종 행성 탐사선의 개발로 이어졌다.

2015년 가을 개봉한 영화 〈마션〉에 등장하는 화성 로봇도 JPL에서 만들었다. 주인공 마크 와트니가 모래에 파묻혀 있던 로봇 '오퍼튜니티'를 주워와 통신기로 쓰는 장면이 나오는데, 그 로봇을 만든 곳이 바로 JPL이다. 이밖에 화성 탐사에 나섰던 '스피릿'이나 '큐리오시티Curiosity' 등도 모두 JPL이 개발을 주도했다.

JPL은 DRC 대회 참가를 위해 완전히 새로운 형태의 로봇 개발에 착수했는데, 4개의 다리를 갖고 4족 보행으로 움직이지만, 두 다리로 땅을 딛고 설 수도 있도록 만들었다. 4개의 다리는 모두 이리저리 여러 번 구부러지는 다관절 구조다. JPL은 이 로봇에 추후 '로보시미안'이란 이름을 붙였다.

여담이지만 이 팀 관계자는 DRC 대회 현장에서 "이 로봇의 변형 형태로 바닷속에서 움직이는 '아쿠아시미안'을 만들 계획도 있다"면서 포스터를 만들어 걸어 놓기도 했다. 물론 농담처럼 한 말이라 정말 개발 계획이 있는지 그 진위는 알기 어렵다.

NASA의 두 팀을 빼면 그다음으로 주목받은 건 역시 일본 연구진이었다. 사실 일본은 인간형 로봇기술만 놓고 본다면 미국이든 유럽이든, 하다못해 러시아 연방우주청에도 꿀릴 게 없는 곳이다. 전 세계에서 인간형 로봇을 가장 먼저 개발한 나라가 일본이며, 현재 가장 뛰어난 인간형 로봇기술을 가진 나라도 일본이다. 일본은 1960년대부터 인간형 로봇을 개발해왔다.

DRC 참가팀은 미국 내 법인인 '샤프트 엔터프라이즈'였다. 일본에서 미국에 법인 기업을 설립하고, 그 회사가 대회에 출전하도록 한 것이다. 일본이 이런 형태로 출전한 까닭은 2차 세계대전을 일으킨 바 있는 '전범 국가'라는 특수성 때문으로 해석되기도 한다. DARPA는 미국국방성 산하이고, DARPA가 하는 모든 일은 많든 적든 군사기술 개발과 관계가 있다. 일본은 미국 내 규정상 해외 군사 이벤트에 직접 참여가 불가능했기 때문에 선택한 편법이었던 셈이다. 여담이지만 '샤프트 엔터프라이즈'란 이름은 일본의 로봇 만화영화 〈패트레이버〉에 나오는 다국적 기업의 이름이다. 만화영화 속 기업의 이름을 차용해 실제로 회사를 차린 것이다.

일본기업 혼다가 개발한 P3(왼쪽)와 아시모(오른쪽). P3의 또 다른 이름은 HRP-1이었다. 일본 산업기술연구소에서 산업용 로봇 HRP 시리즈 개발로 이어진다. 출처: 위키미디어

샤프트 기술진은 일본산업기술연구소AIST; National Institute of Advanced Industrial Science and Technology가 개발했던 'HRP-2'라는 로봇을 기본으로 삼았다. 이 로봇을 한층 업그레이드해 새롭게 개발한 로봇으로 DRC에 출전하기로 했다. HRP-2는 본래 산업현장에서 인간과 함께 일을 할 목적으로 개발한 로봇인 만큼 대단한 완성도를 갖고 있어 처음부터 강력한 우승 후보로 꼽혔다. 연구진은 이 로봇에 나중에 '에스원S-1'이란 이름을 붙였다.

과학기술에 관심이 별로 없는 사람이라도 '아시모'라는 이름은 한두 번쯤 들어 보았을 것이다. 일본 기업 '혼다HONDA'가 개발한 이 로봇은 명실상부한 세계 최고 성능의 인간형 로봇이다. 사람처럼 지그재그로 뛰어다니거나 한 발로 토끼뜀을 뛸 수 있는 로봇은 현재 전 세계에 이

'혼다' 사의 '아시모
(Asimo)' 구동 영상

AIST 사의 'HRP-2'
댄싱 영상

'HRP-2' 와 'HRP-4C'
시연 영상

'HRP-4C' 댄싱 영상

로봇 단 한 대밖에 없다.

　이런 아시모도 꾸준한 발전을 하면서 여러 번의 변형을 거쳐 왔는데, 아시모라는 이름을 붙이기 직전 마지막 실험용 로봇의 이름이 'P3'였다실제로는 P4도 개발된 적이 있는데, 이 로봇은 아시모와 거의 동시에 개발된 이란성 쌍둥이 성격의 로봇으로 보아야 할 것이다. 그리고 이 P3는 'HRP-1'이라고도 불렸다.

　P3를 개발할 때 혼다는 AIST와 공동으로 개발했다. 즉 같은 로봇을 개발해 혼다는 P3로, AIST는 HRP-1이라고 부른 것이다. 그리고 AIST는 이 HRP-1의 성능을 한층 더 높여가며 'HRP' 시리즈를 꾸준히 개발하고 있다. HRP-2와 HRP-3는 산업용이었고, HRP-4는 날씬한 몸매를 가진, 다양한 운동능력을 구현하기 위한 실험용 플랫폼이었다. 즉 샤프트의 로봇 '에스원'은 세계 최고의 인간형 로봇인 '아시모'와 사촌뻘이었던 셈이다. 이 로봇의 기본적인 완성도나 연구진의 실력이 세계 최고 수준인 점은 두말할 나위가 없다.

　그다음으로 주목받는 팀이라면 카네기멜런대학교CMU 산하 국립로봇공학센터NERC를 들 수 있다. 국내엔 다소 생소할지 모르지만, 이곳의 무인 자동화기기 제어 기술은 세계 최정상급이다. 앞서도 잠시 언급했지만 '어반챌린지' 우승 경력도 갖고 있으며, 로봇공학 분야에서 세계적인 명문으로 꼽힌다. 무엇보다 NERC는 무인 자동차 현실화를 실제로 이뤄낸 곳이다. 구글은 물론 자동차회사 GM과도 무인차 개발에 관한 파트너십을 맺고 있다.

만약 이 팀이 어떤 기술 경진대회에서 패배한다면 즉시 'CMU의 패배 원인은 무엇인가?' 하는 식의 상세한 분석 기사가 나올 정도로 미국 사회에선 최고의 기계제어 기술력을 인정받는 곳이기도 하다. 또한 NERC는 단순한 대학 연구진이 아니라 사실상 미국의 국립 연구소처럼 일한다. 미 국방성 등 고객사로부터 매년 3,000만 달러에 달하는 연구비를 지원받고 있기도 하다.

이 연구소는 최근 무인택시 개발에 나선 '우버 테크놀로지' 연구소 측에도 협력하고 있다. 자신의 승용차로 택시 영업을 할 수 있게 만든 '우버 택시' 서비스로 유명한 이 회사는 급기야 카네기멜런대학교 연구진 40명을 무더기로 특채하기도 했다. 카네기멜런대학교 현 연구직이라는 이유 하나로 수십만 달러의 보너스와 현재 연봉의 두 배를 제시해서 미국 사회의 큰 관심을 받았다. 우버는 언젠가 자사의 계약 운전사 수만 명을 대체할 무인 자동차 개발을 꿈꾸고 있다.

카네기멜런대학교 팀은 2012년 DRC 대회에 출전을 선언하면서 팀 이름을 '타르탄 레스큐Tartan Rescue'라고 지었다. 그리고 새롭게 중장갑 형태의 반半인간형 로봇 '침프Chimp'를 개발하기로 하고 대회 참가 계획을 세웠다. 침프의 특징은 팔다리 하단부에 탱크 같은 캐터필러무한궤도를 붙였다는 점이다. 어렵게 걸어서 이동하느니 묵직하게 거침없이 어느 곳이나 갈 수 있는 형태를 선택한 것이다.

2012년 당시엔 미국의 군수 산업체 '레이시온'도 DRC 대회 예선에 참여한 바 있다. 레이시온은 보잉이나 록히드마틴 같은 완제품 군수업체보다 지명도는 떨어지지만, 각종 첨단 기술제품을

'아이언맨 로봇'으로 알려진 외골격 로봇. 레이시온 사르코스의 엑소스(XOS)는 현존하는 가장 뛰어난 성능의 외골격 로봇으로 평가받고 있다. 출처: 레이시온 사르코스

개발하는 기술력 높은 기업으로 꼽힌다. 군사기술에 관심이 있는 사람이라면 누구나 이 회사의 기술력을 무시하기가 어려울 것이다. 현대 첨단 전투 장비 태반이 이 회사 제품이기 때문이다. 그 유명한 '패트리엇' 미사일을 이 회사가 개발했으며, 토마호크 미사일, 사이드와인더 미사일 등도 모두 이 회사 제품이다. 여기에 이지스함 등에서 발사하는 요격용 미사일 SM-2, SM-3 등도 생산하고 있다. 1922년에 창립되었으며, 미국 방위산업체 매출액 중 4위에 달한다. 세계 최초의 전자레인지를 개발한 회사로도 알려져 있다.

로봇기술 분야에선 사람이 입으면 힘이 세어지는 로봇, 흔히 '아이언맨 슈트'라고 불리는 '외골격로봇' 기술이 대단히 뛰어난 것으로 알려

져 있다. 이 회사가 개발한 외골격로봇 '엑소스2XOS2'는 현존하는 가장 운동성능이 뛰어난 로봇이다.

이 회사는 대회 출전을 결정하고 최초 출전권을 얻어내 180만 달러의 연구비를 따냈고, 독자적으로 DRC 대회에 참가할 로봇 개발을 시도했다. 그러나 2013년 초, 2차 기술평가에서 탈락해 본선 대회에는 결국 진출하지 못했다.

한국인 과학자들,
'우리도 질 수 없다'

　2012년 DRC 공고 이후, 국내에도 잘 알려진 한국계 로봇 과학자인 '데니스 홍' 교수가 이끄는 버지니아공과대학교 로봇기계연구소RoMeLa 팀도 관심을 끌었다. 이 팀은 '토르영화로도 잘 알려진 북유럽 신. 번개를 다스리는 존재로 묘사된다'라는 이름의 로봇을 들고 나왔다. 출전 당시 팀 이름도 로봇과 동일하게 '팀 토르'라고 지었다. 우리나라 로봇 기업 '로보티즈'도 이 팀의 결성에 참여했다. 이밖에 펜실베이니아대학교유펜 등도 참가하고 있다. 유펜의 대니얼 리, 마크 임 교수 두 사람도 한국인이라서 사실상 한국인 연합팀으로 보아도 무리가 없다.

　버지니아공과대학교 팀은 로봇 축구 대회인 '로보컵RoboCup' 우승 경력을 여러 차례 가지고 있는 팀이다. 이 당시 인간형 로봇 '찰리'를 독자적으로 개발한 바 있고, 세계에서 처음으로 시각장애인이 직접 운전대를 잡고 차를 몰 수 있는 '시각장애인용 자동차'를 개발해 대단한 화제를 모았던 팀이다.

팀 토르의 로봇 '토르'는 DRC 준비과정에서 다소 사정이 복잡했다. 이 팀은 본래 독자적으로 개발한 전동식 리니어 액추에이터를 이용해 신개념 로봇 하체를 개발할 생각이었다. 미 해군 요구로 개발하던 '사파이어'라는 로봇의 하반신을 가져온 것으로, 본래 불이 난 선박에서 진화작업을 벌이는 선박용 소방수 로봇으로 개발하던 것이었다. 계획대로 완성된다면 안정성이 대단히 높고, 어떤 험지에서도 중심을 잡고 걸을 수 있으리라고 여겨졌다. 여기에 상체는 우리나라 기업 '로보티즈'가 개발한 로봇 '똘망'의 상반신을 얹을 계획이었다. 하지만 결국 하반신을 완전히 완성하지 못해 로보티즈의 '똘망'을 받아 제어프로그램 등을 새롭게 개발하는 형태로 대회에 참가했다.

미국 버지니아텍 로멜라(ROMELA) 로봇 연구소에서 개발 중이던 로봇 사파이어의 하체. 로봇 토르의 하체로 쓰일 예정이었으며 추후 로봇 바롤(VALOR) 개발로 이어졌다. 출처: 로멜라 연구소

국내 연구진도 여기에 기죽지 않고 출사표를 던졌다. 국내 최고의 인간형 로봇 연구진인 'KAIST 휴머노이드로봇 연구센터휴보센터'도 참가 신청을 한 것이다. 이곳은 익히 알려진 대로 '휴보'를 개발한 곳이다. KAIST 연구진이 포함된 공동 연구진은 당당히

세계적 로봇 연구진의 한 팀으로 선정이 됐고,
180만 달러의 연구비를 받는 7개 팀에도 선
정됐다.

2012년 당시엔 휴보 연구진이 미국
의 드렉셀대학교 연구진과 연합해
'DRC휴보'란 이름의 팀을 결성했
다. 한국계 미국인 과학자인 '폴 오'
드렉셀대학교 교수, 그리고 휴보 개발을
주도해 온 우리나라 KAIST의 오준호 교수
가 주도적이었다. 이 밖에 조지아공대, 퍼
듀대학교 등 10개 대학이 다방면으로 참
여한 연합팀이다. 이 팀은 KAIST 연구팀이
'휴보'를 DRC 출전용으로 개조해 제공하고,
드렉셀대학교 팀을 포함한 공동연구진이
각종 제어 프로그램을 개발해 대회에 출전
하는 식이었다.

로봇 토르 구상도_2012년 당시
버지니아텍 연구진이 구상했던
로봇 토르의 모습. 실제로 이
모습으로 완성되지는 못했다.
출처: 로멜라 연구소

물론 이후에 기술평가 형식의 예선과 본선Trial 그리고 최종 결선Final
대회를 거치면서 팀이 다시 둘로 갈라졌다. KAIST 휴보센터는 DRC 대
회에 맞게 기존 휴보를 개량한 'DRC휴보'를 개발해 드렉셀대학교 연합
팀에 제공하는 한편, 자체적으로도 로봇을 한 대 더 개발해 트랙 D로
참가할 계획을 세웠다. 즉 휴보로 참가하는 팀이 두 팀이 되는 셈이었
다. 하지만 폴 오 교수팀과 KAIST의 협력관계는 대회가 끝날 때까지 계

휴보2의 모습. 2004년 개발한 휴보1의 성능을 한층 높인 모델이다. 이후로 DRC에서 우승한 'DRC휴보' 개발로 이어졌다. 출처: KAIST 휴머노이드로봇 연구센터

속됐다. 휴보의 활약은 책 전반에 걸쳐 상세히 다룰 계획이다.

휴보에 대해서는 들어본 독자들이 많을 것이다. 여러 언론에서도 일본에 아시모가 있다면, 우리나라에는 휴보가 있다는 비교를 많이 한다. 개인적인 평가이긴 하지만, 휴보는 우리나라 로봇기술의 상징이자 산실이다. 대전 KAIST에 있는 오준호 교수팀은 2004년 휴보의 첫 모델을 발표한 이후 2015년 7월 DRC 대회 최종 결선에 진출하기까지 11년 동안 한결같이 성능을 높여왔으며, KAIST 대학 내에 인간형 로봇을 전문적으로 연구하는 KAIST 휴머노이드로봇 연구센터휴보센터를 설립하고

꾸준히 인간형 로봇을 연구해왔다. 국내에서는 휴보에 대해 '일본 로봇을 흉내 낸다'며 혹평하는 경우까지 있지만, 휴보는 우리나라가 독자적으로 개발하고 성능을 높여 온 한국의 자랑거리 중 하나다.

세계적으로 두 발로 걸을 수 있는 로봇은 몇 종류 되지 않는다. 이 중 기업체가 개발한 로봇을 빼면, 현실적으로 대학에서 연구용으로 개발한 인간형 로봇 중에서는 휴보가 단연 뛰어난 성능을 자랑한다. 이러한 휴보에 대한 평가는 외국에서 오히려 더 높다. 대당 50만 달러에 달하는 비싼 값을 마다치 않고, 해외 각국에서 앞다투어 휴보를 구매해가는 이유이다. 미국의 여러 대학, 싱가포르의 국책연구기관 등에서도 휴보를 구입해갔다. 각종 첨단기업의 상징처럼 여겨지는 구글Google조차도 휴보 2대를 구매해 로봇연구에 활용하고 있다.

당시 연구팀 관계자는 "DRC휴보를 기존에 개발했던 휴보1이나 휴보2와 비교하면 승용차와 탱크 정도의 차이가 난다"고 설명했다. 덩치도 크고 더 강해졌으며 무엇보다 상황에 따라 형태와 기능을 바꿀 수 있는 변신 기능을 추가했다. 화재, 원전 사고 등 다양한 재난에서 효과적으로 발휘할 수 있도록 만든 것이다.

DRC를 떠받치는 숨은 실력자
'보스턴 다이내믹스'

DRC 대회에는 주목할만한 숨은 연구진이 하나 더 있다. 직접 대회에 참여하지 않았지만 한 편으로는 대회 참여에 가장 큰 영향을 미친 곳이라 할 수 있다. 트랙 B나 C로 참가해 본선까지 올라간 팀은 모두 같은 로봇을 제공받기로 되어 있었는데, DARPA는 이들 로봇의 제조회사를 대회 시작 전부터 미리 정해놓고 있었다. 바로 세계적 로봇 전문기업인 '보스턴 다이내믹스BOSTON DYNAMICS'다.

DRC에 참여하는 여러 참가팀이 두루 공급받는 로봇은 무엇보다 '기본 성능'이 뛰어나야 했다. 독특한 설계로 자기만의 전략을 짜기 위한 로봇이 아니기 때문이다. 무엇이든 두루 잘할 수 있는 완벽한 인간형 로봇이어야 한다는 이야기다. DARPA가 로봇의 개발회사로 보스턴 다이내믹스를 선택한 건 모든 이견을 잠재우기 위한 최고의 선택이었다.

보스턴 다이내믹스는 미국에서 가장 신뢰할 수 있는 최고의 로봇 전문기업이다. 가령 이 회사가 개발한
로봇을 한 대 받아서 대회에 나갔
다면, 설사 꼴등을 해도 '로봇이 나
빠서 졌다'는 이야기는 입 밖에 낼
수 없다. 어느 누가 보스턴 다이내
믹스의 로봇을 가지고 품질을 논한
단 말인가. 의구심이 드는 사람은 유튜브 같은 동영상 사이트에 'BOS-
TON DYNAMICS, Robot'이라는 단어를 넣고 검색해보라. 로봇에 관심
이 별로 없던 사람들도 "현실세계에서 이런 로봇을 만들 수 있는 연구
진이 정말 있단 말인가?"라고 경탄할 것이다. 그만큼 성능이 뛰어난 로
봇을 속속 개발해 내는 회사다. 이 회사는 주로 DARPA에서 연구비를
받아 기발하고 성능이 뛰어난 첨단 로봇을 개발하는 것으로 유명하다.
사실상 미국의 군사용 로봇 전문 연구기관이라고 보아도 무방하다.

　보스턴 다이내믹스는 개발 중인 DRC 대회용 로봇에 '아틀라스ATLAS'
라는 이름을 붙였다. 그리스 신화에서 세계를 두 팔로 떠받치고 있는
신의 이름에서 따온 것이다. 거창하지만 이런 이름을 붙일만한 자부심
도 있었을 거란 생각이 든다. 아틀라스는 보스턴 다이내믹스가 수년 전
개발한 바 있는 '펫맨'이란 이름의 인간형 로봇을 변형해 다시금 개발
한 것이다. 펫맨은 개발과정부터 입이 떡 벌어질 만한 대단한 운동성능
을 자랑했다. 본래 사람 대신 화생방 방호복의 내구성이나 안전성을 테
스트하기 위해 만든 로봇으로 독가스가 가득 찬 실내에서 방호복을 입
고 방독면을 쓴 다음, 여러 가지 동작을 취해가며 방독면의 내구성을

실험했다. 사람이 목숨을 걸고 독가스의 유입 정도
를 실험할 수 없으니 이를 대신해 주는 것이다. 방
호복을 완전히 입힌 펫맨이 걷고 있는 모습은 사람
과 분간이 가지 않을 정도이다.

'보스턴 다이내믹스'
사의 '펫맨(Petman)'
구동 영상

무엇보다 보스턴 다이내믹스의 로봇들은 힘이 세
기로 유명하다. 대부분 로봇은 전동모터를 쓰는데
비해 이 로봇은 중장비 등을 만들 때 자주 쓰는 '유
압식 액추에이터구동계'를 이용하기 때문이다. 2족
이든 4족이든 보행형 로봇은 발목 힘이 강해야 안
정적으로 걸을 수 있다.

'보스턴 다이내믹스'
사의 '아틀라스(ATLAS)'
구동 영상

DRC 대회는 이런 복잡한 과정과 사연을 안고 2012년 막을 올렸다.
참가가 결정된 세계 최고의 로봇 연구진들은 저마다의 계획과 포부를
안고, 힘겨운 일정을 소화해나가기 시작했다. DARPA라는 황당한 기관
의 황당한 제안. DRC의 실제 최종 대회는 단 2~3일에 불과하다. 하지
만 그 목표를 실현해나가기 위한 3년간의 고된 일정이 시작된 것이다.

개인적인 욕심으로는 모든 DARPA 출전팀의 연구개발 이야기를 다
루고 싶지만, 현실적으로 이는 불가능한 일이다. 하지만 다행스럽게 우
리나라 연구진도 이 대회에 적극적으로 참가하고 있었다. 더구나 우승
까지 거머쥐었던 일은 이 책을 읽기 시작한 독자라면 누구나 알고 있
을 것이다. 그렇다면 우승팀 KAIST의 연구개발 일정을 상세히 짚어 보
는 것만으로도 현실 속에서 인간을 구하는 로봇, 언젠가는 현실에 나타
날 '로봇 영웅'의 모습을 어느 정도는 가늠할 수 있지 않을까?

인공지능이라는 말 속에 숨은 허상

영화 속에 등장하는 몇몇 로봇은 너무도 완벽합니다. 사람만큼 똑똑하지만, 사람보다 힘이 세고 더구나 튼튼하기까지 하지요. 완벽한 지능을 갖고 사람과 갈등을 겪기도 합니다. 발전된 기계공학기술 덕분에 이제 영화 속 로봇과 외견상으로는 크게 차이가 없는 로봇을 만들 수 있는 세상이 됐습니다만, 인공지능만큼은 아직도 갈 길이 멀다는 주장이 많습니다. 영화와 비교하면 아직 초보적인 수준을 벗어나지 못했기 때문입니다.

많은 사람들은 영화 속 로봇처럼 스스로 판단하고 움직이는 '완벽한 인공지능 로봇'을 꿈꾸고, 또 두려워하기도 합니다. 최근 '인공지능'이라는 이야기를 놓고 많은 사람들이 인공지능이 가지고 올 디스토피아(암흑세계)를 염려하는 목소리도 자주 들을 수 있지요. 인공지능이 급속도로 발전하다 보면 사람의 일자리를 빼앗을 수 있다거나 인공지능 로봇과 인간의 전쟁을 그린 영화 〈터미네이터〉처럼 결국 기계가 사람을 지배하는 세상이 올 것이라는 우려를 끊임없이 제기하는 것입니다.

'진짜 인공지능'은 세상에 없다

얼마 전 바둑시합이 큰 인기를 끌었지요. 2016년 3월, 구글의 자회사 '딥마인드'가 개발한 인공지능 프로그램 '알파고(AlphaGo)'가 바둑시합에서 우리나라 최강의 바둑기사 '이세돌'과 5번 연속 대국해 4대 1로 승리한 사실은 잘 알려져 있습니다. 원래 바둑은 대단히 경우의 수가 많은 시합입니다. 바둑에서 나오는 경우의 수를 모두 계산하는 건 불가능하다는 말이 있을 정도죠. 그래서 바둑만큼은 기계가 정상급 기량을 가진 프로 바둑기사를 이기기 어렵다고 생각해왔습니다.

그런데 알파고가 이세돌 9단에 쉽게 승리를 거두면서 많은 사람이 큰 우려를 하는 걸 볼 수 있습니다. 이 속도로 인공지능이 발전하다 보면 결국 사람을 넘어서는 것 아니냐, 모든 점에서 인간을 이기는 존재가 되는 것 아니냐는 우려가 그것이죠. 이런 우려가 과연 사실로 드러날까요?

결론부터 말씀드리면 그럴 염려는 없다고 볼 수 있습니다. 알파고는 바둑 이외엔 할 줄 모릅니다. 착수를 하는 프로그램은 사실상 전통적인 바둑 알고리즘이고, 여기에 '딥러닝'이라는 기술을 얹었다고 하더군요. 딥러닝이란 컴퓨터가 시행착오 상황을 기억해서 다음에 비슷한 일을 할 때 그 상황을 피해가도록 만든 기술입니다.

알파고 사건이 쟁점이 되다 보니 저도 신문기사를 쓰기 위해 취재를 꽤 많이 했고, 딥마인드의 사장 '데미스 하사비스'의 KAIST 특강을 찾아가 취재를 하기도 했습니다. 알파고에 동원된 컴퓨터 자원의 연산속도는 우리나라 최고 성능의 연구용 컴퓨터(한국과학기술정보연구원의 타키온)보다 5배 이상 빠르다고 하더군요. 만일 이런 자원을 외부에 빌려준다면 '초당' 사용료를 계산해서 받습니다. 이만한 자원을 들이붓고 제한된 규칙이 있는 바둑판 위의 싸움을 벌였는데, 진다면 그게 더 이상하다는 생각마저 들었습니다.

구글의 알파고도, 세계적인 컴퓨터 기업 IBM이 자랑하는 컴퓨터 '왓슨'도 모두 '인공지능'이란 수식어를 자랑스럽게 내놓고 있습니다만, 사실 이런 지능은 사람과 같은 진짜 '지능'이라고 보기엔 너무나 큰 차이가 있습니다. 로봇 역시 마찬가지입니다. 영화가 아닌 현실 속의 로봇은 사실 아직도 실험실 내부에만 머물고 있습니다. '제한된 조건'에서 정해진 명령만을 수행하는 수준을 아직 벗어나지 못하고 있다는 의미입니다.

간혹 가정용 청소 로봇 등은 어느 정도 스스로 판단하고 움직이는 것처럼 보이기도 합니다. 주변 환경이 제한적이라 '이럴 경우는 이렇게 움직여라'는 조건을 미리 지정했기 때문입니다. 현실 속의 '인공지능'은 결국 수많은 변수를 꼼꼼히 예측한 로봇, 또는 프로그램 개발자의 지능일 뿐입니다.

인공지능에도 종류가 있다

정보기술(IT) 전문가들은 인공지능을 크게 두 종류로 나눕니다. 하나는 '약한 인공지능(Weak AI)', 그리고 또 다른 하나는 '강한 인공지능(Strong AI)'이라고 부르지요. 저는 편의상 약 인공지능, 강 인공지능으로 부를까 합니다.

이 둘을 구분하는 기준은 상당히 간단합니다. 사람처럼 스스로 생각하는 능력을 가졌다면 강 인공지능, 컴퓨터 소스코드에 따라 아무 생각 없이 자동으로 동작한다면 약 인공지능이지요. 그리고 감히 단언하건대, 현재 인류는 강 인공지능을 만드는 어떠한 기술도 갖고 있지 못합니다. 흔히 인간끼리 말하는 '지능이 낮다, 높다'의 차이가 아닙니다. 그냥 지능 자체가 아예 없이 주어진 절차대로 움직이는 컴퓨터, 그것이 약 인공지능의 정체입니다. 사람에 따라서는 자기 스스로의 존재를 인식하는 지능, 즉 '자아'를 가진 인공지능을 강 인공지능의 기본 조건으로 보기도 합니다.

좀 더 강한 어조로 설명드린다면, 강 인공지능은 사람이나 고등동물이 가진 '진짜 지능', 약 인공지능은 그냥 '가짜 지능'이라고 불러도 무리가 없을 것입니다. 2016년 5월 현재, 제대로 된 강 인공지능은 누구도 개발한 적이 없고, 언제 완성이 될지도 알 수 없는 존재입니다. 굳이 영화로 예를 든다면, 영화 '그녀(Her)' 속에 나오는 인공지능 프로그램 '사만다' 정도를 꼽을 수 있으려나요. 반대로 애플의 '시리'나 삼성의 'S보이스' 같은 음성검색 프로그램은 보편적인 약 인공지능에 속하지요.

물론 제한적인 실험에서 이런 연구를 실제로 한 경우는 있습니다. 2012년 미국 예일대학교 저스틴 하트 박사팀이 개발한 로봇 '니코'는 두 눈과 두 팔을 갖고 있었죠. 니코는 거울에 비친 자신의 팔을 보면서 그것이 자기 앞에 있는 물건이 아니라 자기 몸에 달린 것이라 인식할 정도였습니다.

의미가 없는 실험은 아닙니다만, 이 실험 하나만 놓고 니코가 강 인공지능을 가졌다고 구분하기는 어렵습니다. 거울을 보고 있는 제한적인 조건에서 자동적으로 분석하고 답을 한 상황일 뿐, 기계 스스로 진짜 자아를 가졌다고 보기 어렵기 때문이지요. 강 인공지능은 언제, 어떤 환경에서도 자신의 존재를 인식하고 판단의 근거로 삼아야 합니다.

현재 알파고나 왓슨은 인간이 개발한 인공지능 중 가장 뛰어난 것으로 꼽힙니다. 왓슨은 퀴즈게임에서 인간 챔피언을 이기기도 했고, 최근에는 인간 의사보다도 진단을 더 잘한다며 암 센터의 검진시스템으로 도입되기도 했습니다. 이런 인공지능은 많은 정보를 모아두고 그중에서 답을 골라내는 '추론' 능력이 뛰어나지요.

IBM은 왓슨의 실력을 알아보기 위해 2011년에 미국의 TV 퀴즈쇼 '제퍼디'에 출전시켰는데, 인간 챔피언 2명을 물리치고 우승하기도 했습니다. IBM은 왓슨의 이런 장점을 살려 환자의 증세를 듣고 정확한 진단을 의사에게 추천하는 '의료용 컴퓨터'로 활용할 계획이죠. IBM은 지난 5일 미국 내 14개의 암 치료 센터와 공동으로 왓슨을 활용한 암 치료 프로젝트를 출범하기도 했습니다.

이런 왓슨도 내면을 들여다보면 결국 수많은 조건문을 엮어 만들었습니다. 왓슨의 인공지능은 '단어분석기술'이 바탕인데, 누군가 질문을 하면 단어를 하나씩 떼어서 인식한 다음 다시 전체적인 의미를 분석하죠. 따라서 정보를 '언어' 형태로 입력하면 알고 있던 답 중에서 가장 확률이 높은 답을 골라내는 것입니다. 쉽게 말해 왓슨을 로봇에 이식한다고 로봇의 지능이 조금이라도 높아질 거라고 기대하긴 불가능합니다. 현시대에 누군가 '뛰어난 인공지능을 개발했다'고 말을 한다면, 그 뜻은 '고성능 소프트웨어를 제작했다'는 말과 사실 크게 다르지 않습니다.

인공지능의 발달이 가져오는 혜택

이런 약 인공지능의 계속적인 발전은 점점 우리를 편리하게 할 것으로 보입니다. 우리가 할 일은 불안한 시각으로 인공지능의 미래를 걱정하기보다, 지금보다 더 뛰어나고 더 편리한 인공지능이 더 빨리, 더 많이 개발되기를 기다리는 것입니다.

사실 인공지능을 적용할 대상은 사람처럼 생긴 '인간형 로봇'뿐이 아닙니다. 일상생활에서 생각할 수 있는 가장 대표적인 사례가 사람이 운전하지 않아도 자기 스스로 판단하고 길을 찾아가는 '자율주행 자동차(무인자동차)' 기술이죠. 사실 이 기술은 이미 현실에 들어와 있습니다. 다만 자동차업계에서 기술의 안전성을 높여 시판을 준비하고 있는 단계이지요. 이미 인공지능 기술을 이용해 정해진 목표만 지정하면 자동으로 날아가는 '무인 항공기' 기술도 현실이 되고 있으며 점점 더 발전하고 있습니다.

흔히 인공지능의 발전이 사람처럼 로봇의 사고 능력만 높일 거라 생각하는 경우가 있습니다만, 인공지능의 발전은 로봇 스스로 자신의 몸을 제어할 수 있는 여지가 생기기 때문에 로봇의 기계적 성능 역시 한층 높아질 것으로 보입니다. 두 발로 걷는 로봇은 발을 헛디뎌도 스스로 판단해 중심을 추스를 수 있고, 자율주행 자동차는 바퀴의 상태나 도로와의 마찰 정도를 자동으로 파악해 더 안전할 수 있기 때문에 더 빠른 자동차 개발로 이어질 수 있죠. 뛰어난 동작 예측 기능을 가진 인공지능 기술을 채용한다면 사람의 몸동작을 완전히 따라 할 수 있는 웨어러블 로봇 즉, 영화 '아이언맨'에 등장하는 로봇처럼 입기만 해도 힘이 세지는 로봇 개발도 한층 더 앞당길 수 있을 거라 기대되고 있습니다.

이미 로봇기술은 약 인공지능의 발전으로 끊임없이 좋아지고 있습니다. 자동화, 인공지능화는 로봇기술의 대명사처럼 불리기도 하지요. 앞으로 이런 자동화 기술 즉, 약 인공지능 기술은 점점 더 보편화하고 더 빠른 발전을 겪게 될 것입니다. 머지않은 미래에 위험한 재난 현장에서 사람 대신 활약하는 구조 로봇의 등장도 그리 멀지 않은 일이 될 거라고 믿습니다. 인공지능과 로봇의 발전은 이미 동전의 앞 뒷면처럼 서로 연결돼있기 때문입니다.

'강한 인공지능'을 만드는 방법 있을까?

그렇다면 진짜 '강 인공지능'은 개발이 불가능한 것일까요? 간혹 영화를 보면 고성능 컴퓨터가 어느 날 우연한 계기로 깨달음(?)을 얻고 자신의 존재를 인지하는 장면이 나옵니다. 인공지능 전문가들은 이런 상황을 '지능의 창발(Emergence)'이라고 부릅니다만, 사실 이런 것이 현실에서 저절로 일어나길 우려하는 것은 너무나 비과학적입니다. 센서의 반응과 거기에 대한 자동적인 동작순서를 인간이 정해준 대로 움직이는 기계장치를 놓고, 그것들이 인간처럼 어느 순간 생각을 하게 될 거라 염려하는 건 너무 턱없는 일이니까요.

물론 '지능의 비밀'을 풀고자 하는 과학자들의 노력은 지금도 계속되고 있습니다. 과학자들은 영화 속 로봇 같은 진짜 인공지능을 만들기 위해서는 지금까지와는 다른 해법이 필요하다고 보고 있습니다. 하나는 컴퓨터의 성능을 지금보다 더 높여 웬만한 상황에 모두 대응할 수 있는 방대한 명령을 모두 지정해주는 방법입니다. 이 방법은 사실 실현이 거의 불가능합니다. 바둑 한 가지 상황에 대응하기 위해 초고성능 컴퓨터를 동원해야 하는데 일상생활에서 일어나는 모든 경우의 수를 학습하게 만든다는 것은 사실 인간이 가진 컴퓨터 성능으로는 불가능하지요. 아주 먼 미래에 등장할 고성능 양자컴퓨터 등이 보편화될 경우라면 일부 가능성이 있을지 모르겠습니다.

또 다른 방법은 아예 '인공두뇌'를 만드는 것입니다. 컴퓨터 속에 뇌신경 세포를 가상현실로 만든 다음, 뇌세포 숫자를 계속 늘려가면서 서로 신호를 주고받도록 만들다 보면 진짜 뇌처럼 움직이게 되겠지요. 다만 이 방법은 생화학적, 의학적으로 인간 두뇌의 비밀이 풀린 이후에야 가능해 수백 년 이상이 걸릴지도 모릅니다.

과학지식이 부족한 일부 사람들은 세상에 진짜 인공지능이 있을 것이라는 우려감을 가지고 있습니다. 로봇이 반란을 일으키면 어떻게 하느냐는 사람마저 있지요. 2015년 3월 개봉한 로봇영화 〈채피〉는 지능을 갖게 된 로봇이 낯선 사람들로부터 공격을 받고 '살고 싶다'고 두려움을 토로하는 장면이 나옵니다. 이 영화가 개봉되자 네티즌들 사이에선 '로봇이 감정을 갖게 된다면 인간들은 이 로봇을 어떻게 대해야 하느냐'를 놓고 토론이 벌어지기도 했습니다.

물론 강 인공지능이 실제로 등장한다면, 그래서 사람보다 훨씬 뛰어난 정보처리 능력을 가진 컴퓨터가 스스로 자아를 갖게 된다면, 그 컴퓨터가 영화 속 설정처럼 사람에게 반항하는 것이 가능해질지도 모릅니다. 하지만 지금 현실에서 인공지능의 위험성을 걱정한다는 것은 너무나 빠른 이야기입니다. 먼 우주에서 웜 홀을 타고 온 외계 종족이 지구를 공격할 것을 걱정하는 사람은 현실감각이 떨어진다고 보아야 맞지 않을까요?

사실 이런 책임 일부는 과학자들에게도 있습니다. 자신이 개발한 자동화 프로그램이나 로봇 제어프로그램의 우수성을 홍보하는 것은 좋습니다만, '인공지능'이라는 단어의 무게를 외면하고 여기저기 너무나 헤프게 사용하고 있습니다. 과학계에 발을 담고 있는 전문가들이라면, 현실 속 자동화 프로그램과 영화 속 인공지능을 명백히 구분 지어줄 의무도 지고 있는 건 아닐까 생각을 해봅니다.

지금 우리가 해야 할 일은 세상에 '인공지능'이라는, 쉽게 말해 대용량 자료와 고성능 컴퓨터를 이용해 만들어낸 뛰어난 자동화기기를 올바르게 활용하는 일입니다. 예를 들어 인공지능 내비게이션 시스템이 시키는 대로 운전을 했다고 합시다. 그렇다면 여러분은 기계의 지배를 받는 걸까요? 아닙니다. 당신은 당신의 자유의지로 목적지를 선택했지요. 그 목적지에 도달하는 수단으로 자가운전을 택한 것도 당신입니다. 이 상황에선 내비게이션을 쓰든 안 쓰든 그건 여러분의 자유입니다. 하지만 내비게이션을 쓰는 사람이 운전할 때 훨씬 더 유리하다는 것은 따져볼 필요가 없겠지요.

기술의 발전은 언제나 인간에게 더 큰 풍요와 편리한 세상을 가지고 왔습니다. 자동차가 처음 등장할 때, 많은 인력거, 마차 운전자들은 생계를 심각하게 걱정했습니다만, 지금은 그 두 가지 일을 하는 사람들은 매우 적지요. 다른 복잡한 이유 같은 것은 없습니다. 운전기사 일을 하거나, 세차장 일을 하는 편이 인력거를 끌 때보다는 힘이 덜 들고, 돈도 더 많이 벌 수 있기 때문입니다. 그 사실은 인공지능 역시 마찬가지입니다. 기술의 발전을 두려워하기보다는, 그 기술의 장점을 적극적으로 받아들이며 적극적으로 대처하는 사람이 더 현명한 미래를 살 수 있습니다. 인간은 지금까지 그렇게 발전해 왔으니까요.

TASK 3

로봇이 '일'을 하기 시작했다
신개념 로봇 'DRC휴보' 개발, 역발상으로 승부
미국 굴지의 방위산업체 '레이시온'을 누르고 본선 진출팀 '합류'

■ 숯 기자의 〈로봇 이야기〉 ③ 로봇산업과 인간형 로봇에 숨은 가치

인류가 사람을 닮은 로봇을 만드는 까닭
사람을 닮은 로봇=만능형 로봇
공학 기술의 꽃 '인간형 로봇'
그래도 로봇이 미래다

험난한 일정과
세계 최강의 경쟁자들
‘우리는 어떻게 할 것인가’

INTRO

　DARPA가 선정한 트랙 A의 연구진, 즉 정식으로 연구비를 받고 DRC 참가가 확정된 7개 팀의 로봇 연구진은 촉박한 연구개발 일정을 소화하기 위해 저마다 계획을 세우고 바쁜 일정에 들어갔다. 이들은 불과 1년 후인 2013년 여름까지 기술평가를 받아야 했다. 이 기술평가는 DARPA의 실사단이 연구실을 방문하고 '계획대로 제대로 연구를 하고 있는가, 가지고 있는 기술은 과연 DRC라는 큰 목표에 부응하는가'를 직접 살펴보는 것이었다. 불과 1년이라는 짧은 시간 안에 미션을 달성하기 위해 최선의 전략을 수립하고, 그 미션에 맞게 로봇의 기초적인 설계를 마쳐야 했다.

　물론 이는 어디까지나 '기술력 평가'란 목적이지만, 평가를 받는 사람 입장에서야 어디 그런가. 높은 점수를 받으려면 어느 정도는 실제로 로봇 몸체도 만들어 보여주는 편이 나았다. 기술평가라고 우습게 볼 수도 없었던 것이 실제로 DRC 대회의 예선 성격이 강했기 때문이다.

[2012년 DARPA에서 선정한 8종의 DRC 출전팀]

로봇 이름	개발기관	특징
발키리	나사 존슨우주센터(NASA JSC)	고가, 고성능 추구
로보시미안	나사 제트추진연구소(NASA JPL)	다관절 4족보행
에스원	샤프트(AIST)	보행성능 우수
침프	카네기멜런대학교	육중한 몸체, 캐터필러 형태 이동
–	레이시온	–
토르(똘망)	로보티즈 버지니아공과대학교	모듈형 구조, 몸체 각 구분을 손쉽게 변경
DRC휴보	한국과학기술원(KAIST) 드렉셀대학교	응용성 높은 몸체, 변신기능 보유
아틀라스	보스턴 다이내믹스	유압식 구동계 채용, 큰 힘이 장점

DARPA는 7개의 팀 중 이 평가를 통해 두 팀을 떨어뜨리고, 남은 다섯 팀에 150만 달러의 연구비를 추가로 지급하기로 계획하고 있었다. 쉽게 말해 이 평가에서 탈락하지 않아야만 정식으로 연구비를 받고 2013년 12월 20일에 열리는 1차 대회에 진출할 수 있는 상황이었다. 참고로 트랙 B와 C를 뚫고 올라온 6개의 팀에겐 최대 750만 달러를 차등해 지급했다.

상황이 이렇다 보니 각각의 연구진이 겪었을 수많은 고초는 미처 다 상상하기 어렵다. 우리나라 휴보 연구진도 발등에 불이 떨어진 상황이었다. 1년 남짓한 시간에 대회 성격에 맞는 로봇 한 대를 새롭게 개발해야 했기 때문이다. 열악한 국내 현실을 고려하면 이는 사실 불공정한 처사로까지 느껴졌다. 해외 유명 로봇 연구진과 비교해 턱없이 부족한 연구원 숫자 등을 생각할 때 이는 사실상 체급이 다른 시합이었기 때문이다. 휴보를 개발하고 있는 KAIST 휴머노이드로봇 연구센터 연구진의 숫자는 20~30명이다. 여기에 행정직, 기술적 보조업무를 맡은 인원들을 모두 포함해도 40~50명 정도다.

같은 트랙 A에 속해 있는 NASA JSC의 직원 수는 3,000명이 넘는다. DRC 이전 대회인 어반챌린지 우승팀인 카네기멜런대학교 국립로봇공학센터NREC는 1년 예산이 3,000만 달러에 달한다. 1년에 10~20억 원의 푼돈(?)으로 알음알음 연구하던 휴보 팀과는 규모 자체가 다르다. 휴보 팀은 그나마 박사 과정으로 연구에 참여한 학생들이 있었고, 또 학내 출자기업으로 설립한 '레인보우'에서 연구용 로봇을 판매하며 별도의 수익을 내고 있었기에 유지가 가능했다. 쉽게 말해 정부지원금으로는 인건비조차 제대로 대기 힘든 상황이었다.

물론 모든 것을 규모로 생각할 수는 없다. 다른 6개 팀의 노고 역시 이루 말할 수 없을 것이고, 그마다 가진 노력과 열정 역시 커다란 가치가 있다. 그들의 연구개발 과정에 숨은 과학적 가치 역시 꼼꼼하게 해설하고 싶었지만, 이는 한국에서 일하고 있는 기자 입장에서 물리적으로 불가능한 일이었다. 개인적으로는 휴보 연구진의 취재만으로도 10여 년을 오롯이 쏟았고, 특히 휴보 연구팀이 DRC 우승을 거머쥘 때까지 겪었던 고충과 노력을 현장에서 함께 한 만큼 그들의 이야기만이라도 담아낼 수 있어서 크게 다행이라고 생각한다.

DRC 대회의 실제 진행 일정

아래 표는 DRC 대회의 2012년 당시 최초 계획과 실제 진행 상황을 나타내고 있다. 다소 복잡해 보이지만 전체 흐름을 이해하는 데 도움이 되도록 미리 소개한다. DRC 대회의 진행상황은 이 책 전반에 걸쳐 등장하므로 아래 표를 눈여겨 봐두는 것이 좋다.

대회 진행	최초 계획	실제 진행
참가팀 선정	2012년 초 트랙 A의 7개 팀 선정	계획대로 진행
각 출전팀 기술평가, 사실상 예선	2013년 7월 11일 - 5개 팀을 선정, 150만 달러씩의 연구비를 추가 지급	일정은 계획대로 진행 - 6개 팀을 선정, 130만 달러씩의 연구비를 추가 지급
트라이얼 대회 개최	2013년 12월 20~21일, - 트랙 A, B, C와 관계없이 전체 8위 안에 든 팀에 150만 달러씩을 추가 지급	대회 일정은 계획대로 진행 - 전체 10위 안에 든 팀에게 최대 150만 달러까지 차등 지급
파이널 대회 개최	2014년 12월 5~6일	2015년 6월 5~6일 진행 - 일본, 한국 정부 지원 특별 참가팀의 트랙 D 출전

로봇이 '일'을 하기
시작했다

　나는 종종 염치 불고하고 휴보센터를 불쑥 찾아가곤 한다. 자주 취재를 다녔기 때문에 현장 연구원들과 두루 안면이 있어서 가능한 일이다. 또 연구팀이 기술적으로 거리낄 것이 없으니 아무 때나 취재를 가도 별다른 탓을 하지 않는 것도 한 가지 이유다.

　2012년 7월의 어느 날이었던 것으로 기억한다. 휴보 팀의 DRC 출전 소식을 알고 있던 나는 KAIST 기자실에서 기사 한 건을 마감해두고 무작정 연구실을 찾아갔다. 최근 연구 동향이 궁금했던 탓이다. 당시 휴보센터를 본 나는 눈을 의심했다. 연구팀은 똑같은 '휴보2' 3대를 만들어 두고 여러 가지 복잡한 실험을 제각각 하고 있었다. 분명히 수도 없이 취재하고, 수도 없이 만져봤던 휴보2의 몸체가 틀림없었다. 그런데 뭔가 낯설었다. 휴보의 행동이 여느 때와 크게 달랐던 것이다.

　그 중 한 대는 바닥에 붉은색 공을 내려놓고 허리를 구부려 주워 올리는 동작을 반복하고 있었다. 눈으로 물체를 인식하고, 명령에 따라 그 물건을 집어 들고 있는 것이었다. 한쪽에 있던 다른 휴보2는 태권도의 '앞서기' 자세를 취하는가 싶더니 한쪽 팔을 앞으로 힘차게 내뻗었다. 누가 보더라도 제대로 된 주먹지르기 자세였다. 별 것 아닌 것 같지만, 이 모습을 보며 나는 팔과 어깨에 소름이 돋는 것을

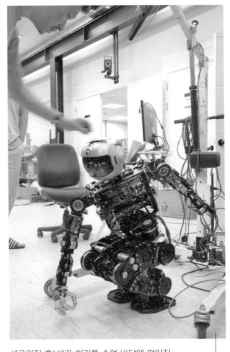

새로워진 휴보2가 허리를 숙여 바닥에 떨어진 공을 주워 올리고 있다. 전승민 촬영

느꼈다. 결코, 작은 변화가 아니었기 때문이다.

2004년 개발된 휴보1은 걷기 기능을, 2009년 개발된 휴보2는 달리기 기능을 선보여 세간에 화제가 됐었다. 하지만 뭔가 '작업성'을 갖고 있다고 보기는 어려웠다. 행사장 등에서 마이크를 손에 들고 녹음된 음성으로 사회를 보거나, 걷기 기능을 선보이는 정도는 가능했지만 제대로 '작업성'을 갖췄다고 말할 수 없는 정도였다.

하지만 이번엔 이야기가 달랐다. 물건을 직접 눈으로 인식하고 집어 들다니! 비록 명령에 따라 움직였지만, 로봇이 스스로 일을 했다는 의

휴보 연구진은 DRC 출전을 위해 휴보의 전신제어 기능을 새롭게 가다듬고
격렬하게 힙합 춤을 출 수 있는 수준의 운동성을 확보했다. 전승민 촬영

미가 아닌가. 태권도 동작을 선보인 것도 마찬가지다. 이 정도로 강렬하게 하체를 내디디면 무게중심이 큰 폭으로 흔들린다. 그 도중에 팔을 내지른다는 건 과거에는 상상조차 하기 어려웠다. 완벽한 중심 잡기 기능, 손으로 일하면서도 다리로는 중심을 잡을 수 있는 기능. 말하자면 '전신제어기술Whole body Control'을 적극적으로 로봇에 적용하기 시작한 것이다.

신기함을 느낀 나는 아예 연구팀원들을 붙잡고 '다른 동작은 가능하느냐'고 물었다. 연구에 몰두하고 있는 사람에게는 다소 무례한 주문일 수도 있었지만, 기자들의 생리가 어디 그렇겠는가. 궁금한 것은 해결해야 직성이 풀린다. 다행히 휴보센터의 핵심 브레인 중 한 사람인 김인혁 박사로봇기업 레인보우 이사가 도움을 줬다. 김 이사는 무뚝뚝한 표정과 달리 취재를 가면 언제나 물심양면으로 협조해줘 항상 고맙게 생각하는 분이다.

그는 "그럼 이건 어떠냐?"면서 휴보를 일단 차렷 자세로 정렬한 다음 다시 노트북 컴퓨터로 명령을 내렸다. 그 순간 놀라운 일이 펼쳐졌다. 휴보가 양팔을 허공에 휘두르고, 두 다리로 사뿐사뿐 스텝을 밟으며 춤을 추기 시작한 것이다. 누가 보더라도 제대로 된 힙합 춤 동작으로 보였다. 이걸 보고 있던 나는 입속으로 이렇게 되뇌었다. '춤을 추다니…… 휴보가 춤을 추다니!'

전신제어기술을 완성했다는 말은 로봇이 일할 수 있는 기본적 토대를 만들었다는 말이다. 사람이야 걸어가면서 팔을 뻗어 책가방을 집어 올리는 것쯤은 매우 쉬운 일이다. 하지만 팔다리에 피부 감각이 없는 로봇은 이것이 절대 쉽지 않다. 하체의 미묘한 관절 움직임으로 계속해서 중심을 잡아 주어야 하는데, 이전까지 이 기술을 갖춘 나라는 일본과 미국 정도였다. 더구나 춤을 춘다는 건 이런 전신제어기술을 상당한 경지까지 완성했다는 의미로도 통한다.

그 당시는 물론 2016년 현재까지도 춤을 출 수 있는 로봇은 몇 종류 되지 않는다. 일본 혼다의 아시모, 일본 산업기술연구소AIST의 'HRP-4' 정도나 가능한 동작이다. 춤 동작을 선보인 것은 아니지만, 미국 보스턴 다이내믹스 사의 로봇 펫맨이나 아틀라스 등도 이런 중심제어 기능을 갖고 있다. 즉 일본과 미국 정도만 가능했던 첨단 기술을 우리나라 연구진이 개발해냈던 것이다.

나는 이 사실을 한국 과학기술의 발전이 일궈낸 대단한 쾌거로 봤다. 그리고 즉시 휴보센터 센터장인 오준호 KAIST 교수와 인터뷰를 하고 관련 내용을 정리해 기사로 작성했다. 이 기사는 동아일보 1면 톱기사로 게재되었고, 각 언론사에서 이 기사를 받아가 다시금 여러 차례 기사를 작성하면서 세간에 큰 화제가 됐다. 이른바 '특종' 기사를 터뜨린 셈이다. 하지만 당시 기사를 다 마감하고 나서야 새삼스럽게 깨달은 것이 하나 있었다. 휴보 팀은 왜 하필 그 시절에 전신제어기술 개발에 박차를 가했을까? 사실 그 이유는 두말할 나위도 없었다. DRC에 출전하기 위해서는 필수적으로 '일을 할 줄 아는 로봇'이 필요했기 때문이다. 험난한 길을 걸어 들어가고, 공장 밸브를 비틀어 잠그고, 각종 장애물을 손으로 집어서 치우려면 반드시 갖춰야 할 기능이다.

이 기능을 완성한 휴보 연구진은 휴보2를 이용해 다양한 연구 성과를 계속해서 쏟아냈다. 휴보2로 팔굽혀펴기를 하거나, 보도블록을 징검다리처럼 놓은 뒤 그 위를 걸어 다니게 만들고, 한 발로 서 있는 휴보의 몸에 묵직한 쇠 공을 집어 던져도 균형을 잡게 만들어 보기도 했다. 그야말로 수없이 많은 실험을 반복한 것이다. 말은 간단해 보이지만, 그 당시 이 작업을 반복하느라고 매일 밤을 고생했던 연구진의 고초는 채 말로 다하기 어렵다.

나는 업무상 KAIST 기자실을 자주 이용하는데, 기자실에서 바로 퇴근할 때면 간혹 일부러 차를 멀리 돌려 휴보센터 앞을 지나가고는 했다. 혹시라도 뭔가 새로운 것을 살짝 구경하고 나올 수 있지 않을까 기대가 되기 때문이다. 하지만 매번 욕심대로 되지는 않았다. 때때로 매우 분주해 보이고, 혹은 연구 진행 상황이 계획과 틀어져 다들 크게 낙심한 모습이 감지되기도 한다. 어떤 날은 자정이 넘도록 모든 연구원들이 숙소로 돌아가질 않고 바쁘게 움직이기도 한다. 그런 낌새가 보이는 날은 굳이 연구실에 들어가지 않고 그대로 돌아 나와 다시 차를 몰고 묵묵히 집으로 가곤 했다. 신경이 날카롭고 연구에 집중해야 하는 날, 내부의 소식을 대외에 알릴 수 있는 기자가 들락거리는 것이 연구원들이 집중을 하는데 결코 좋은 영향을 미칠 리가 없기 때문이다.

신개념 로봇 'DRC휴보' 개발, 역발상으로 승부

휴보 팀은 이런 부단한 노력을 1년 가까이 지속한 끝에 마침내 새로운 로봇 한 대를 개발했다. 로봇의 이름도 'DRC에 출전하기 위한 로봇'이란 의미로 'DRC휴보DRC-HUBO'로 지었다. 이 이름은 드렉셀대학교 등과 공동으로 DRC 대회에 출전하기 위해 지었던 팀 명 'DRC-HUBO'와도 같은 것이었다.

2013년 연구실을 찾아가 DRC휴보를 처음 봤을 때 '아! 드디어 휴보도 여기까지 왔구나'라는 생각이 들었다. 누가 보아도 지금까지의 휴보보다 훨씬 튼튼하고 강력해 보였다. 이젠 '휴보'만의 정체성을 찾는 걸로도 생각됐다. 이런 독특한 구조의 인간형 로봇은 그전까지 세계 어디서도 본 적이 없었다.

DRC휴보는 모든 면에서 기존 휴보2를 넘어서는 것이었다. 먼저 키는 145cm로 휴보2보다 20cm가량 커졌다. 몸무게도 10kg이 더 늘어나 한결 크고 튼튼해졌다. 휴보2의 장기이던 달리기 기능을 빼버린 것도 특이하다. 구조적으로야 달리기를 할 수 없는 게 아니었지만, 애써 그 소프트웨어를 이식해 넣지 않은 것이다. 울퉁불퉁한 대회 현장에서 활약하는 로봇에 불안정한 달리기 기능은 굳이 필요가 없었다.

연구팀이 휴보1과 휴보2를 개발할 때 중점을 둔 것은 사람의 몸동작을 로봇으로 재현하는 것이었다. 사람처럼 걷고, 두 팔을 움직인다. 이 과정에서 얻어낸 기술을 응용해 가위바위보를 하기도 하고, 다른 사람과 자연스럽게 악수를 해보이기도 한다. 그리고 태극권, 검무 같은 동작을 개발해 선보이기도 했다.

휴보1이 일단 걷고, 중심을 잡고, 움직이는 데 성공했다면, 휴보2는 한결 더 자연스러운 동작을 구현하는 것이 개발 목적이었다. 휴보1에 비해 훨씬 동작이 빠르고, 무릎을 쭉 펴고 사람처럼 걷는다. 로봇의 제어소프트웨어SW를 개량하는 것만으로도 크게 활용성이 바뀌기 때문에 굳이 비율로 비교하는 것이 의미 없긴 하지만, 연구팀에 따르면 휴보2는 인간이 할 수 있는 모든 동작을 70% 이상 흉내 낼 수 있었다. 그러던 연구진이 DRC휴보를 개발하며 본격적으로 '기능성'을 구현하기 시작했다. 즉 '인간과 모습이나 동작은 이제 아주 비슷해졌으니, 이제는 사람처럼 일하게 만들어 보자'고 나선 것이다.

DRC휴보의 모습은 지금까지 개발됐던, 6대가 넘는 휴보 시리즈 모두와 비교해도 확연히 다른 것이었다. 누가 보아도 재난 대응에 적합한 모습이었다. 과거에는 열가소성합성수지ABS로 케이스를 만들었지만

DRC휴보는 온몸을 알루미늄 합금으로 감쌌다. 재난 현장에 투입하려면 화재로 인한 높은 열이나 강한 방사선을 견뎌야 하고, 전파방해 등으로 내부 전기회로가 오작동하는 것도 막을 필요가 있었다. 더구나 이렇게 온몸을 튼튼한 합금으로 감싸면 전신의 비틀림 강성이 좋아진다. 웬만큼 충격을 받아도 잘 견디고, 더 과격한 동작을 해도 원래 설계했던 성능이 나올 확률이 높아진다.

이 경우 문제는 무게가 늘어난다는 것. 몸체 무게가 늘어나면 날렵하게 움직이기 어렵고, 더 큰 힘을 내는 모터가 필요해진다. 힘을 적절히 배분해 관절을 움직여 주는 감속기자동차의 변속기 같은 장치 역시 크고 무거운 것이 필요하다. 이러다 보면 계속 체구가 커지고 점점 더 무거워지는 악순환에 빠지기도 한다.

물론 재난로봇은 체구가 어느 정도 커야 한다. 어딘가 부딪혀도 체구가 크면 쉽게 넘어지지 않고, 충격을 받아도 고장 날 우려가

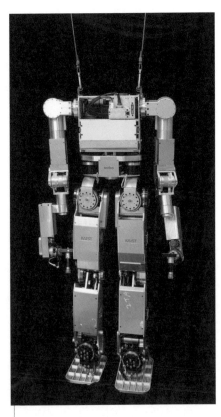

DRC휴보(초기형)의 모습. 사진: 동아사이언스

적어지기 때문이다. 잔해 등을 치우려면 최소한 수 kg 정도의 물건은 들어 올릴 필요도 있다. 결국, 꼭 필요한 수준에서 무게와 힘을 적절하게 조정해 균형을 맞춰야 한다. 흔히 자동차를 비롯해 여러 종류의 기계장치에 '균형이 잘 맞는 제품'이라는 평가를 하는 것도 이 때문이다.

이 문제를 해결하기 위해 휴보 연구진은 체구를 너무 키우지 않는 방향을 택했다. 휴보2의 키는 125cm로 어린아이 정도라서 제대로 재난, 사고현장에 대응하기가 어려웠다. 이 때문에 휴보센터 연구진은 키를 20cm 더 키워, 145cm에 맞췄다여기에 머리에 달린 카메라나 안테나 등을 고려하여 155cm 정도로 기록하는 경우도 있다.

사실 기능적이어야 한다는 의미는 모든 면에서 꼭 인간을 닮을 필요는 없다는 말과도 통한다. 인간형 로봇의 장점을 이어받지만, 필요에 따라서는 일부분의 모습을 변경하기 시작한 것이다. 그래서 연구진은 DRC휴보를 100% 인간을 닮은 로봇으로 만들지는 않았다. 기존 휴보의 인간형 로봇 성능을 그대로 살린다면 어디까지나 '인간'이 가진 신체구조의 장점만을 취합하게 된다. 인간형의 장점은 큰 이점이 있지만, 그렇다고 다른 형태의 장점을 버리는 것도 현명하지 못하다. 이 때문에 휴보 연구진은 우선 휴보의 모습을 얼핏 오랑우탄처럼 보이게 바꿨다. 두 팔을 길게 늘어뜨려 작업성을 높인 것이다. 이렇게 길어진 팔은 다른 장점도 갖고 있었는데, 우선 물건 등을 집어 들 때 팔의 각도가 커지게 된다. 더 큰 힘을 내기 유리해지는 것이다.

하지만 휴보 연구진은 이 두 팔의 장점을 더 크게 살려 아예 '변신로봇'을 만들기로 했다. 두 팔로 땅을 짚고 걸으면 네 발로 걷도록 만든 것이다. 실제 대회 현장에서 이 기능이 쓰인 적은 없지만, DRC휴보는 언제든지 네발, 즉 4족 보행 로봇으로 변신할 수 있는 기능을 갖고 있었다.

연구실을 찾아가 직접 바라본 DRC휴보의 변신 모습은 경이롭기까지 했다. 무릎을 구부려 자세를 낮추는가 싶더니, 무릎을 큰 각도로 꺾어 뒤로 드러누웠다. 그다음 두 손을 만세 부르듯 들어서 어깨 뒤로 넘긴다. 순식간에 팔이 앞발로 바뀌어 네발 로봇으로 변신한 것이다. 사람이라면 허리와 허벅지 근육 등에 무리가 오므로 아주 유연성이 높은 경우가 아니면 이런 자세를 오랜 시간 유지하기 어렵다. 하지만 로봇이야 어디 그런가. 특히 길어진 앞발은 이럴 때 매우 유리하게 작용했다.

또 DRC휴보는 변신 기능을 위해 팔의 구조를 독특하게 만들었다. 팔꿈치 아래 하박lower arm 골격을 ㄷ자 모양으로 설계한 것이다. 이로써 손목을 180도 회전시켜 팔 안쪽으로 접어 넣을 수 있었다. 손목을 안쪽으로 넣었을 때는 반대쪽에 붙어 있던, 앞발 대신 쓸 수 있는 작은 목발처럼 생긴 지지봉이 튀어나온다.

연구팀의 처음 생각은 '험난한 길은 아무래도 중심을 잡기 유리하니 4족 보행으로 주파하고, 손으로 복잡한 작업을 해야 할 때는 두 발로 걷게 만들면 되지 않을까?'였다. 당시 DRC휴보 개발을 맡은 김인혁 레인보우 이사는 "DRC휴보는 기본적으로 인간형 두발 로봇이기 때문에 본격적인 네발 로봇에 비하면 성능이 크게 떨어진다"며 "필요에 따라 4족 보행에 필요한 다양한 걸음걸이 패턴을 넣을 수도 있다"고 말하기도 했다.

❶

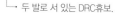

└→ 두 발로 서 있는 DRC휴보.

❷

└→ 무릎과 허리를 구부리며 뒤로 눕는다. 이때 길
어진 두 팔을 아래로 뻗어 앞다리를 만든다.

❸ HuboLab

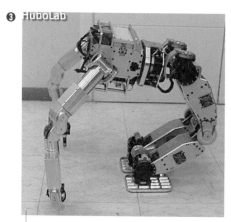

└→ 변신을 마친 DRC휴보. 이 상태로 네 발로 걸을 수
있다.

대회에서 크게 활약하지 못했지만, 개인적으로는 휴보 연구진의 이 '4족 보행 변신 로봇' 개발을 로봇 발전사에 남을 큰 성과라고 보고 있다. 2016년 현재까지도 전 세계에 있는 인간형 로봇 중 2족 보행과 4족 보행을 번갈아가면서 할 수 있는 변신 로봇은 2013년에 개발했던 'DRC휴보'가 유일하다. 명백하게 세계최초의 변신 보행 로봇이었던 셈이다.

　현재 세계적으로 4족 보행 로봇 개발이 큰 인기를 얻고 있다. 많은 짐을 싣고 험한 산길도 따라 다닐 수 있는 '짐꾼 로봇'으로서의 필요성을 인정받기 때문이다. 이런 로봇은 전쟁이나 재난, 구조 같은 특수상황에서 바퀴형 로봇이 갈 수 없는 길도 얼마든지 헤치고 나갈 수 있어 큰 가치가 있다. 만약 전쟁 상황이라면, 짐을 싣고 네 발로 걸어 온 로봇이 진지에 무거운 보급품을 다 풀어 놓은 다음, 사람 모습으로 변신해 아군과 함께 전투에 참여해 준다고 생각해 보라. 실생활이나 산업현장에서도 사람과 네발 동물의 형태로 언제든 바꿀 수 있는 로봇의 활용성이 무궁무진할 것이다.

　개인적인 생각이지만 휴보센터의 '인간형 로봇의 변신 기능 개발'은 앞으로 상용화될 모든 인간형 로봇의 한계를 깰 수 있는 크나큰 성과라고 믿고 있다. 부디 이 독특하고 창조적인 연구 성과가 대회가 끝이 났다는 이유로 사장되지 않기를 바란다. 먼 미래에 '변신형' 로봇이 보편화했을 때, 어느 나라 교과서에나 '최초로 변신 기능을 구현한 인간형 로봇은 한국 KAIST 연구진이 개발한 DRC휴보'라고 기록될 수도 있는 일이기 때문이다.

2013년 형 DRC휴보

미국 굴지의 방위산업체 '레이시온'을
누르고 본선 진출팀 '합류'

2013년 6월 1일 DRC휴보가 완성될 무렵, DARPA는 로봇 분야 전문가들을 7개의 트랙 A팀 연구실에 보내 로봇 개발 상황을 점검했다. 연구역량이 얼마나 되는지 기술평가를 시행한 것이다.

평가 내용은 '현재 어떤 연구를 하고 있는지, 그만한 기술력을 갖고 있는지'가 기준이었다. 각 연구팀은 기술력을 보다 확실하게 어필할 수 있는 방법으로 개발 중이던 로봇을 실제로 보여주기도 했다. 하체만 개발된 로봇의 보행성능을 자랑하는 팀, 팔과 다리 부품을 이용해 자동차 운전 같은 실제 미션 수행 과정을 어떻게 수행할지를 보여주는 팀 등 그 모습도 다양했다.

로봇 휴보를 앞세운 팀 'DRC휴보'도 마찬가지였다. 휴보 연구진은 휴보의 변신능력, 울퉁불퉁한 보도블록 위를 걸어가는 험지 보행 능력, 운전대 조작능력 등을 선보이며 높은 기술력을 자랑했다. 다른 팀의 사정이야 알 수 없지만, 이 기술 평가 후 DARPA가 상당한 고민에 빠졌다는 후문이 들렸다. 최고의 기술력을 자랑하는 7개 팀이 모여 있으니 우열을 가리기가 어려웠던 것이다. 저마다 독특한 방법으로 로봇을 개발하고 있었으니 어떤 것이 더 훌륭하고, 어떤 것이 최고의 기술을 가졌는지 평가하기조차 까다로웠을 것이다.

그리고 2013년 7월, 마침내 DARPA는 예선 통과 팀을 최종적으로 결정해 공고했다. 고민 끝에 DARPA는 5팀만 하기로 되어있는 예선 통과 팀을 6개로 늘리고, 가장 점수가 낮은 한 팀만 탈락시켰다. 탈락한 한 팀은 미국의 방위산업체 '레이시온'이다. 앞서 설명한 적이 있지만 이 회사는 고성능 미사일 등을 개발하는 뛰어난 실력을 자랑하는 세계 최고의 기술기업 중 하나다. 이만한 기술을 가진 회사가 단순한 사전 기술조사에서 꼴등으로 탈락할 정도로 대회의 수준이 높았다는 뜻이다.

이 기술 평가 당시 DARPA는 트랙 A 이외에도 트랙 B팀 그리고 자비로 진출했던 트랙 C팀의 기술평가를 함께 진행했다. 이 기술평가는 2013년 6월 15일에 시행됐는데, DARPA 측은 이 대회를 '버추얼 로보틱스 챌린지The Virtual Robotics Challenge 라고 불렀다. 소프트웨어 개발능력을 인정받고 출전하고 싶어 하는 트랙 B, C팀이 기술 가이드를 준수하는지, 그리고 컴퓨터 속 가상현실에서 동작하는 시뮬레이션 로봇을 얼마나 잘 조종하는지를 점검하는 가상현실 대회였던 셈이다. 실제로 DRC에서 진행하는 다양한 미션을 컴퓨터 속에서 미리 진행해보는 형태로 진행했고, 여기서 우수한 성적을 낸 팀을 본선에 진출하게 했다.

사실 트랙 B, C에 속한 팀의 경쟁률은 오히려 트랙 A보다 훨씬 치열

했을 것으로 여겨진다. 트랙 B는 11개 팀에 불과했지만 트랙 C는 115 팀에 달했다. 트랙 B팀은 DARPA로부터 사전 연구비를 받았을 뿐, 트랙 C팀과 참가과정이 모두 똑같았다. 비용의 문제가 있을 뿐 출발선은 똑같았다는 이야기다.

이 총 126팀 중 본선에 올라갈 수 있는 팀은 정확하게 6개 팀뿐이었다. 그리고 이 6개 팀에게는 세계 정상급 성능의 인간형 로봇인 '아틀라스' 1대씩이 실제로 주어졌다. 이 로봇은 시판품으로 팔린 것은 아니지만 대당 가격은 100만 달러를 훨씬 넘었을 것으로 보고 있다. 고성능 유압식 액추에이터를 달고 있어서 동작 중에는 15kW킬로와트의 전기를 잡아먹는다.

나 역시 이들 팀에 대한 평가과정은 거의 알지 못한다. 국내에 트랙 B나 C로 출전한 연구팀이 전무했기 때문이기도 하지만, 로봇을 실제로 개발하는 팀도 아니었기 때문이다. 사실 실제 대회가 진행되기 전까진 크게 관심을 두지도 않았다. 그저 막연히 'DRC 대회가 미국에서 열린다는데, 현장 취재를 가면 그 유명한 아틀라스 로봇을 구경할 수 있겠군'이라는 막연한 생각만 했을 뿐이다.

이후 DARPA는 트랙 B, C를 거쳐 본선에 올라올 팀을 최종 선정했고, 그 결과 7개 팀으로 본래 6개 팀에서 한 팀을 더 늘렸다. 기술력이 있는 팀을 하나라도 더 지원하기 위한 배려였을 것이다. 그런데 막상 트랙 B, C를 통과하고 올라온 이 7개 팀을 살펴봤을 때 나는 다소 당혹스러웠다. 이만한 팀들이 왜 직접 트랙 A로 도전하지 않았는지 궁금했던 것이다. 어느 팀 하나 나무랄 곳이 없는, 트랙 A의 쟁쟁한 팀들에게도 견

줄만한 명실상부한 세계 최고 수준의 로봇기술팀들이었다.

　우선 세계적 로봇 연구소인 '미국 플로리다대학교 인간기계연구소
IHMC' 산하 로봇 연구팀이 눈에 들어왔다. IHMC는 국내에 잘 알려져
있지 않고, 이번 DRC 대회에 출전하면서 이름이 알려지긴 했지만 DRC
에 출전했던 일개 팀 정도로 알고 있는 사람들이 많다. 하지만 결코 소
홀히 볼 팀이 아니다. IHMC는 인공지능 연구에 관한 한 세계 최고 기술
을 자랑하는 곳이다. 로봇을 제어하는 소프트웨어에 대해서는 최고 기
술을 가졌다는 의미다. 이 때문에 IHMC 출신이라면 어느 나라, 어느 공
과대학교나 어느 연구소를 가도 크게 인정받을 정도다.

　이 연구소는 전문 로봇 연구팀도 운영하고 있는데, 입으면 힘이 세지
는 외골격 로봇 '그래스호퍼Grasshopper', 두 다리를 이용해 빠르게 달
릴 수 있는 타조형 로봇 '패스트러너FastRunner'를 개발하는 등 대단히
뛰어난 실력을 자랑한다. 'M2V2'란 이름의 독창적인 인간형 로봇 역시
연구하고 있다. 다시 말해 이 팀이 'IHMC 로보틱스Robotics'란 이름으로
트랙 B를 뚫고 올라왔다는 말은 사실상 막강한 우승 후보 중 하나가 분
명하다는 의미였다.

　미국 최대의 방위산업체 '록히드마틴' 역시 이 대회에 트랙 B, C 예
선을 뚫고 '팀 트루퍼TROOPER'란 이름으로 올라왔다. 세계 최강의 스
텔스 전투기 F-22와 F-35를 개발한 회사이니 그 이름만으로도 막강한
존재감을 과시했다. 그다음으로 공학기술에 관해서라면 세계 최고의
명문 대학이라고 꼽히는 매사추세츠 공대MIT팀, 만만찮은 실력을 자랑

하는 미국 로봇기업 '트랙랩스TracLabs'도 본선에 진출했다. 이밖에 우스터폴리테크닉대학교 연구진을 주축으로 결성한 '팀 렉스WRECS', 버지니아공대-담스타트대학교 연합팀 '비거VIGER', 아시아의 자존심을 걸고 출전한 홍콩대학교의 '팀 HKU'도 있었다.

마침내 예선 일정이 끝나고, 이들 7개 팀에는 아틀라스 1대씩이 실제로 배송됐다. 이만한 실력을 갖춘 팀들의 손에 쥐어진 로봇이 세계에서 둘째가라면 서럽다는 소리를 들을 만한 바로 그 아틀라스였으니 그야말로 우승의 향방은 누구도 점칠 수 없는 상황이었다.

트랙 A를 통과한 6팀, 트랙 B와 C를 통과한 13팀이 마침내 결정됐다. 그리고 이들이 모두 한자리에 모여 자웅을 겨룰 첫 번째 본선 시합, DRC 트라이얼Trial 대회의 일정 역시 발표됐다. 대회 일정은 2013년 12월 21일. 장소는 미국 마이애미 인근 소도시 홈스테드에 자리하고 있는 자동차 경기장 '홈스테드-마이애미 스피드웨이'였다. 우리나라 휴보 연구진은 하루하루를 바쁘게 지냈고, 나는 어떻게든 취재 일정을 잡기 위해 상사의 눈치를 살피며 전전긍긍하던 시기이기도 했다.

인류가 사람을 닮은 로봇을 만드는 까닭

간혹 드물게 '로봇에 대해 이야기 좀 해달라'면서 강연 요청이 들어오곤 합니다. 과학전문 기자로 일을 하지만 로봇에 관한 책도 쓰고 있고, 로봇기사에 관심을 가지고 취재를 많이 하다가 보니 저를 '로봇 전문가'라고 불러 주시는 분들이 있으시더군요. 고마운 일입니다만, 그런 요청이 들어오는 날이면 낯이 뜨거워 어떻게든 안 해볼 궁리를 하곤 합니다. 개인적으로 친분이 있는 경우, 혹은 사정이 딱한 기관 등에서 여러 차례 부탁하실 경우야 회사의 허락을 받고 가는 경우도 있습니다만, 매일 매일 있는 취재, 마감 일정을 놔두고 강연장을 쫓아다니는 것은 사실 현직 기자로서 해서는 안 될 일이기도 하지요.

제 개인 사정은 뒤로하고, 어쩌다 이렇게 외부 강연을 가면 제가 주로 하는 것은 로봇 '휴보' 이야기입니다. 제가 그나마 가장 많은 시간을 들여 취재했던 로봇이 휴보이기도 하고, 휴보 연구팀의 기술적 성취가 독보적인 것도 사실이기 때문입니다. 우리나라만 해도 여러 종류의 인간형 로봇이 존재합니다만, 그 중 "우리가 만든 로봇이 휴보보다 성능이 뛰어나다"라고 자신 있게 나설 수 있는 연구진은 단 한 팀도 없을 것입니다.

사람을 닮은 로봇 = 만능형 로봇

이렇게 강연이 끝나면 질문을 받게 되는데, 간혹 '왜 인간형 로봇을 만드느냐. 로봇을 꼭 인간 모습으로 만들어야 하느냐?'라는 질문을 받을 때가 있습니다. 사실 이 질문을 처음 받았을 때는 뭐라고 답을 해야 좋을지 몰라서 약간 당황했던 기억이 납니다. 머릿속으로는 '왜 만들다뇨? 만들고 싶으니까 만드는 거지'라는 답이 떠올랐지만 그대로 꿀꺽 삼키고 말았습니다. 질문하신 분의 의도는 인간형 로봇의 효용성을 물은 것이었을 테니까요.

사실 인간이 인간과 닮은 로봇을 만드는데 뚜렷하게 정해진 이유 같은 걸 찾기는 어렵습니다. 이유가 없어서가 아니라, 과학자마다 이유가 다르기 때문입니다. 어떤 과학자는 그저 재미있어서 로봇을 개발합니다. 사람처럼 움직이는 로봇을 만들어 보겠다는 한 과학자의 꿈. 그 자체에 무슨 이유가 더 필요할까요? 실리적인 목적도 물론 있습니다. 그건 '인간'이라는 몸체가 갖고 있는 만능성 때문입니다.

다소 이야기가 엇나가는 것 같습니다만, 사람은 왜 모든 동물 중에서 가장 큰 힘을 갖고 있을까요? 육체적인 힘을 말하는 것이 아닙니다. 문명의 이기 때문이라고 생각하는 것도 너무나 단순하지요. 사람이 쓸 수 있는 무기가 기껏해야 칼이나 창, 활 정도뿐일 때도 인간들은 문명을 만들었습니다. 맹수의 이빨과 발톱보다 강할 리 없는 그 조잡한 무기들로도 세상을 지배하기 시작한 겁니다. 인간의 지능이 높은 것은 물론 중요한 이유이겠습니다만, 보다 근본적인 원인을 저는 두 손을 자유롭게 쓸 수 있다는 사실, 그 한 가지로 꼽고 있습니다. 손을 쓸 수 있고, 그러다 보니 무언가 물건을 만들기 시작했고, 그 과정이 지능의 발달로 이어지면서 오늘날에 이른 셈입니다. 쉽게 말해 두 발로 서서 두 손을 자유롭게 쓸 수 있는 구조는 무언가 사람처럼 다양한 일을 시키기에 가장 적당한 구조라는 말도 됩니다.

물론 사람처럼 생기지 않은 로봇도 일을 할 수 있습니다. 혹시 〈월E(WALL-E)〉라는 만화영화를 보신 적이 있으신지요. 이 영화에서는 인공지능을 가진 로봇에게 지구 청소를 맡겨 두고 인간들은 지구 밖으로 여행을 나가지요. 사람은 아무도 없지만 이 로봇은 인간들이 처음 시킨 그대로 끝없이 청소를 합니다.

이 로봇은 탱크바퀴 같은 캐터필러가 달려 있고, 몸통은 쓰레기를 담아 압축할 수 있는 금속 상자형태로 만들었습니다. 쓰레기를 집어 나르기 위한 팔은 달려 있지만 엄연히 인간형은 아니지요. 하지만 들판에 버려진 쓰레기를 모

으고 정리하는 데만큼은 최고의 성능을 발휘합니다.

하지만 그만큼 단점도 분명합니다. 월E는 분명히 우수한 성능의 청소용 로봇이지만 장소를 들판에서 집안으로 옮겨 놓는 순간, 유일한 특기인 청소조차 똑바로 하지 못할 확률이 높습니다. 쓰레기장을 자유롭게 옮겨 다니기 유리한 캐터필러를 달고 있으니 집안에선 2층 계단도 마음대로 오르내릴 수 없고, 사다리를 놓고 책장 위 먼지를 닦을 수도 없지요. 각종 쓰레기를 긁어모아 압축할 수 있지만, 섬세한 먼지 제거 같은 일을 하기엔 도리어 불편한 구조이기도 합니다.

이런 모든 상황을 종합해보면 사람이 인간형 로봇을 만드는 '실리적인 목적'은 명백합니다. 두 발로 걷고 두 손으로 일할 수 있는 즉, 사람 대신 뭔가 여러 가지 일을 시킬 수 있는 사람을 닮은 로봇이 가장 유리하다는 것입니다.

공학 기술의 꽃 '인간형 로봇'

그렇다면 인간형 로봇을 개발하는 일은 먼 미래를 보고 하는 의미없는 투자일까요? 인간형 로봇이 당장 산업적으로 큰 가치는 없지 않으냐고 질문하는 경우도 있습니다. 수십 년 후 인간형 로봇 개발이 끝나 자동차처럼 완전히 산업화가 된다면 모를까, 그 이전에 왜 이렇게 많은 노력을 기울여 인간형 로봇을 개발하느냐는 것입니다.

이런 질문을 받을 때마다 저는 다소 어폐가 있다고 생각됩니다. 미래에 대비하지 않으면서 발전을 바라기도 어렵거니와 현재 가치에서 볼 때 인간형 로봇 기술을 그처럼 해석할 문제는 아니기 때문입니다.

로봇을 사람과 비슷한 모양으로 만드는 거야 사실 어려운 일이 아닙니다. 금속 같은 재료를 가지고 와서 로봇 몸체를 만들고, 관절 부분에 전기 모터 같은 구동장치를 연결해 줍니다. 그다음 여기에 전기회로를 연결하고, 원하는 때에 원하는 방향으로 원하는 힘과 거리만큼 움직여 주는 것. 그게 전부입니다. 이 동작을 정밀하게 계산해서 한 발 한 발 넘어지지 않고 발을 움직이게 만들면 걷는 로봇이 되는 것이고, 열 손가락을 순서대로 움직여서 원하는 물건을 쥐거나 들어 나르면 손으로 일을 하게 되겠지요. 사실 내막을 들여다보면 이게 인간형 로봇 제어기술의 처음이자 끝입니다.

그런데 말로는 쉬운 이 기술이 막상 해보면 첨단 기계제어기술을 모두 동원해도 결코 쉽지 않다는 사실을 알게 됩니다. 언제 얼마큼 다리를 움직여야 넘어지지 않는지, 한 발을 내딛으려면 발목과 무릎, 엉덩이 관절을 각각 몇 도씩이나 구부려야 가장 안정적인지, 무슨 방법을 써서 손을 움직여야 사과를 놓치지 않고 쥐어 올리면서도 으깨버리지 않고 그대로 들어 올릴 수 있는지, 사람에게는 너무나도 당연한 일을 치밀한 계산속에 하나하나 수행해나가야 합니다.

우리나라 로봇 휴보는 이 문제를 해결하기 위해 몸체 속에 들어 있는 연산 코어의 숫자만 20여 개가 넘습니다. 이걸 제어하는 중앙 컴퓨터도 따로 있지요. 각각의 컴퓨터를 근거리 네트워크(LAN)로 연결해 전신을 하나로 제어하고 있습니다. 이 중에 신호 한 가닥만 잘못되어도 로봇이 중심을 잃고 휘청거립니다.

제대로 된 로봇공학은 첨단 기술의 종합상자입니다. 수학, 물리학, 화학 등의 기본 지식도 필요하고, 모든 일을 순서대로 척척 시키려면 로봇 몸속에 컴퓨터를 넣어야 하니 컴퓨터 코딩능력도 필요합니다. 그다음에 로봇의 몸체를 설계

해야 하니 재료공학에 대한 지식도 있어야 하고, 각종 전자장치를 연결하고 구성해야 하니 전자공학 분야 지식도 있어야 합니다. 일부 로봇공학자들은 생명과학 분야와도 연결해 연구하고 있습니다. 로봇기술은 모든 과학기술을 총 망라한 완성형이기도 하고, 이런 기술들을 더불어 발전시켜 나갈 기초연구이기도 합니다.

그래도 로봇이 미래다

로봇공학계에선 '팍스 로보티카'라는 이야기가 있습니다. 흔히 알려진 '팍스 아메리카나(미국에 의한 패권)'라는 단어에서 파생된 것이지요. 쉽게 말해 앞으로 산업계 전체가 로봇을 중심으로 새롭게 재편될 것이라는 뜻을 담고 있습니다. 그리고 이것은 실제로 진행되는 중입니다. 제조업과 의료, 우주 탐사까지 거의 모든 분야에서 로봇이 핵심적인 역할을 차지하고 있거든요.

세상은 이제 로봇 위주로 재편되고 있습니다. 20세기 들어 사람보다 강한 힘을 낼 수 있는 동력장치가 개발되고 금속 가공 기술이 발달하면서 사람 대신 일을 하는 '산업용 로봇'이 처음 등장했습니다. 1950년대에 개발된 산업용 로봇 '유니메이트(Unimate)'가 대표적입니다. 1962년부터 미국의 자동차회사 GM의 생산라인에 적용되기 시작했지요. 어렵고 위험한 공정 작업을 '척척' 해내자 많은 산업 영역에서 로봇에 주목하기 시작했습니다.

그 결과 산업용 로봇의 규모는 2014년 한 해에만 전 세계에서 22만 5,000대가 판매되었을 정도로 커졌습니다. 특히 우리나라는 1만 명당 산업용 로봇 대수를 뜻하는 '로봇 밀도'가 2013년 437대로 세계 1위 로봇 활용 국가로 손꼽히죠. 미국의 시장조사기관 '스파이어 리서치'도 우리나라의 산업·서비스 로봇이 2016년 20만 1,700대에 달해 세계에서 가장 많을 것으로 내다봤습니다.

하지만 요즘 공장 분위기는 이때와 아주 다릅니다. 최근에는 '다품종 소량생산' 추세에 맞춰 사람과 로봇이 복잡한 작업을 나눠 맡을 수 있는 작고 안전한 로봇이 대세죠. 이 분야에선 독일 로봇 기업 '쿠카'에서 2006년 개발한 LBR 로봇이 가장 높은 평가를 받고 있습니다. 최신 모델의 경우 무게가 24kg밖에 나가지 않으며 동작 범위가 80cm 정도로 좁아서 사람과 로봇이 함께 작업할 수 있지요. 특히 사람과 부딪히면 자동으로 멈추기 때문에 안전하게 협업이 가능하다는 것이 가장 큰 장점입니다.

비단 산업현장뿐일까요. 우주도 로봇이 점령하기 시작했습니다. 러시아는 1970년 세계 최초로 바퀴가 달린 탐사용 로봇을 '루노호트 1호'를 달로 쏘아 올려 달 표면을 10.5km 이동하게 하는데 성공했지요. 1973년엔 '루노호트 2호'를 이용해 달 표면 37km 거리를 누비며 카메라와 X선 측정 장치 등을 이용한 과학 조사를 했습니다.

미국도 마찬가지입니다. 달 탐사 과정에선 로봇보다 사람을 우주로 보내는 데 초점을 맞췄지만, 화성 탐사에 도전하면서부터 로봇을 적극적으로 도입했습니다. 1996년 화성 탐사선에 '소저너'라는 이름의 무인탐사 로봇을 쏘아 보냈고, 2003년에는 '오퍼튜니티'를 2011년에는 '큐리오시티' 탐사 로봇을 화성으로 보냈습니다. 이들 무인로봇은 화성에 물이 흘렀던 흔적을 포착하는 데 성공하는 등 우주 탐사에 혁혁한 공을 세웠습니다.

최근엔 인간형 로봇기술을 기반으로 한 의료용 로봇도 인기입니다. 일본이화학연구소(RIKEN)에서는 2009년 환자를 들어 올려 옮기는 간병 로봇 '리바'를 개발했는데, 이 로봇은 두 손으로 환자를 들어 올려 자세를 바꿔주거나 휠체어나 변기 위로 옮겨주지요. 최근 80kg의 환자를 들고 좁은 공간도 자유롭게 다닐 수 있을 만큼 성능이 개선됐습니다. 하체 마비 장애인들을 위한 웨어러블 로봇(입는 로봇)도 실용화 단계로 올라왔습니다. 일명 아이언맨 슈트라고 불리는 것들이지요. 일본에선 의료 로봇 제조사 '사이버다인'이 개발한 노약자 보조용 로봇다리 '할(HAL)'이 인기를 끌고 있습니다. 피부에 붙인 센서가 근육의 전기신호를 감지해서 관절 모터를 작동시켜 보행을 도와주지요. 대당 가격만 1억 5,000만 원이 넘지만 전 세계에서 470대 이상이 팔렸습니다. 유럽에서 개발한 하체 마비 장애인용 로봇 '리워크'는 국내 기업 'NT메디'를 통해 최근 한국에도 도입이 시작될 예정이지요.

로봇은 이제 산업입니다. 실제로 전 세계를 주름잡는 선진국 중 뛰어난 로봇기술을 보유하지 않은 나라는 없습니다. 첨단 로봇을 만들 수 있다는 말은 결국 뛰어난 국방, 항공, 우주, 자동차기술을 가졌다는 말과도 일맥상통하니까요. 그러니 미국이나 러시아, 중국, 독일, 일본, 이탈리아, 프랑스, 영국 등도 마찬가지로 로봇과 기계공학 분야를 미래 산업의 중심에 놓고 있습니다.

인간형 로봇기술은 이런 '팍스 로보티카' 세계에서 두각을 나타내기 위한 열쇠나 다름없습니다. 선진국이 되기 위해 꼭 인간형 로봇을 개발하자는 의미는 아닙니다만, 적어도 뛰어난 인간형 로봇기술을 연구하는 것이 인류의 공학기술 발전과 큰 관계가 있다는 사실 하나만큼은 틀림없을 것입니다.

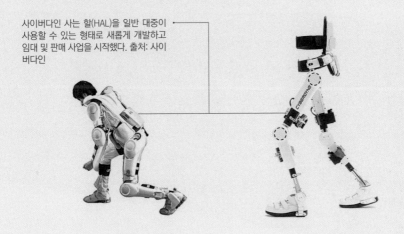

사이버다인 사는 할(HAL)을 일반 대중이 사용할 수 있는 형태로 새롭게 개발하고 임대 및 판매 사업을 시작했다. 출처: 사이버다인

TASK 4

자동차 경기장 '개러지' 빌려 진행
자만에 가까웠던 자신감, 그리고 처참한 패배
차원이 다른 존재, 日 샤프트 연구진
생각지도 못한 부진, 'NASA'

■ 孝 기자의 〈로봇 이야기〉 ④ 로봇도 '힘 조절'이 필요하다

안정적으로 걷고 일하는 로봇, 어떻게 만들까?

위치제어식이냐 입력감지식이냐

바닥을 피부로 느껴야 성큼성큼 걷는다

외부 환경과 '교감'이 관건

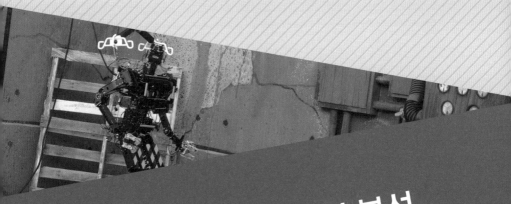

드디어 본선,
그러나 찾아온 처참한 패배

2013년 12월 19일. 이미 한국은 한겨울에 접어들 시기였지만, 반소매 옷 위에 얇은 점퍼 하나만을 걸치고 집을 나섰다. 차를 주차해 둔 근처 골목까지 걸어가느라 어깨를 부르르 떨었던 기억이 난다. 손으로 커다란 여행용 트렁크 하나를 끌고, 어깨에는 큼지막한 카메라 가방 하나를 메고 있었다. 이렇게 추위에 떨면서도 가벼운 옷을 입은 이유는 아열대 기후 지방으로 취재를 가야 했기 때문이다. 목적지는 미국 남부. 기나긴 DRC 대회 중에서도 '본선' 격이라 할 수 있는 'DRC 트라이얼 2013'이 열리는 플로리다 주 마이애미를 찾아가게 되었다. DARPA는 이 대회를 개최하기 위해 인근 소도시 '홈스테드'에 자리한 자동차 경기장 '홈스테드-마이애미 스피드웨이'를 빌려 대회장으로 꾸몄다.

미국 달라스 공항을 경유해 15시간 만에 도착한 곳은 우리나라 KAIST 연구진이 자리 잡은 값싼 숙소였다. 여담이지만 미국 시골엔 이런 숙소가 많다. 2층 정도 건물을 기다랗게 짓고, 가운데 수영장이나 주

DRC 트라이얼 경기가 열린 마이애미 홈스테드 경기장. 전승민 촬영

차장, 뛰어 놀 수 있는 잔디밭 등을 만들어 놓기도 한다. 중간쯤에 식당과 체크인센터 등을 겸한 단층 건물이 하나 있고, 거기서 아침밥을 주기도 한다. 드물게 호텔이나 모텔이란 이름으로 불리지만 전형적인 미국식 인Inn 형태의 숙소다. 시내 한복판에서야 Inn이란 간판을 걸고 있는 곳은 겉보기에 호텔과 구분되지 않지만, 조금만 시골로 나오면 많은 숙소들이 대부분 이런 형태다.

연구진은 이곳 숙소를 빌려 큰 다용도실 하나를 임대한 다음, 그 안에 온갖 전자 장비를 늘어놓고 연구에 몰두했다. 대회 현장 상황에 맞게 로봇의 설정을 변경하기 위해서였다. 언제든지 로봇 후보를 분해, 조립하고 테스트할 수 있는 임시 공간을 만든 것이다. 사실 대규모 연구진이 이동하려면 이런 형태가 최선일 듯싶었다. 고급 호텔을 빌리면 먹고 잠자기야 편하지만 많은 비용을 내야 하고, 무엇보다 제대로 로봇을 점검하고 고칠 공간을 제공받기도 어렵다. 품위를 중시하는 호텔에서 온갖 잡동사니를 늘어뜨리고 뚝딱대야 하는 로봇 조립 공간을 빌려주려 하질 않기 때문이다.

주택 한 채를 통째로 빌리는 방법도 있지만 그런 장소를 빌리기가 그리 쉬운가. 더구나 그럴 경우 생활을 유지하는 데도 적잖은 수고가 들어간다. 식사와 청소, 세탁 등을 직접 해결해야 하기 때문이다. 대회 준비에 집중해야 하는 연구진 입장에서는 선호할만한 방법이 아니다. 반대로 이런 숙소에선 1박에 몇만 원 정도 하는 싼값에 하룻밤 숙식과 아침식사까지 해결할 수 있고, 언제든 로봇을 뜯어보고 점검할 수 있는 공간까지 제공받기 때문에 인기가 높다.

도착해서 보니 숙소 위치도 적당해 보였다. DRC 대회가 열리는 '홈스테드-마이애미 스피드웨이'까지는 차로 20~30분 만에 갈 수 있는데다, 갑자기 뭔가가 필요하면 시내로 차를 몰고 나가서 사오기도 편해 보였다. 연구팀은 선발대와 후발대로 나누어 이곳에 대회 2주 전부터 자리를 잡고 현장 적응에 매진하고 있었다.

PLUS PAGE

로봇 휴보, 운송비는 얼마?

해외에서 DRC와 같은 시합을 하거나 해외 연구기관의 초청이 있을 경우 휴보를 외국으로 보내 현지에서 각종 시연을 해 보이게 된다. 그런데 이럴 경우 로봇인 휴보를 어떻게 실어 보내야 할까?

처음에는 특별 주문을 넣어 항공 택배로 보냈다. 휴보를 나무로 만든 튼튼하고 큰 상자에 넣고, 빈 공간을 모두 완충재로 채워서 비행기로 실어 보내는 것이다. 휴보의 몸무게는 모델마다 다르지만 보통 수십 kg 정도. 여기에 상자 자체의 무게, 각종 보조기계장치의 무게 등을 합하면 100kg이 우습게 넘어갔다. 정밀 기계장치이니 보험도 들어야 하고, 항공사에 특별히 안전하게 운송하도록 요구도 해야 했다. 값이야 항공사마다 다르지만 1,000~2,000만 원 이상의 돈이 훌쩍 사라지기도 한다.

최근 휴보의 해외여행도 잦아졌다. 여기저기서 휴보를 찾는 사람이 많아진 탓이다. 결국 연구진은 기발한 아이디어를 내 휴보의 운송비를 공짜로 만들어 내는데 성공했다. 그것은 바로 휴보를 조각조각 분해해서 사람이 손으로 들고 가는 방법이었다. 보통 외국으로 갈 경우 이코노미석을 타고 가도 20kg 정도는 수화물에 여유가 있다. 휴보 한 대를 조종하려면 어차피 최소 5~6명의 기술진이 따라 붙어야 하는데, 이 사람들이 개인 짐을 10kg 정도로 줄인 다음 한 사람은 휴보의 팔 하나, 한 사람은 다리 한 짝을 자기 짐에 넣고 비행기를 타는 것이다. 이렇게 한 결과 매년 수천만 원에 달하는 운송비를 절약할 수 있게 됐다.

한 연구진은 "개인 짐이 줄어들긴 하지만 업무 출장인 만큼 감수할 부분이고 큰 문제가 될 정도도 아니다"라면서 "수화물로 실려 온 휴보도 어차피 현지에서 다시 점검해야 하므로 시간적으로도 이편이 더 이익"이라고 말하기도 했다.

자동차 경기장
'개러지' 빌려 진행

이튿날 찾은 경기장. 눈앞엔 매끈하게 뻗은 자동차 경기용 트랙이 펼쳐져 있었다. 2013년 대회는 최종 우승이 목표가 아닌, 어디까지나 실제 대회 현장을 체험하는 것이 목적이었다. 그래서 DARPA 측은 이름부터 연습트라이얼, Trial 대회라고 지었다.

하지만 나는 당시 동아일보나 과학동아 등에 기사를 쓸 때 일부러 '본선' 또는 '1차 결선'이라고 표현했다. 단어를 그대로 한국말로 바꾼다면 연습대회, 혹은 예선대회라고 적는 편이 더 어울리겠지만, 대회의 진행 상황을 볼 때 명실상부한 본선의 의미가 있었기 때문이다.

2013년 트라이얼 대회에서 높은 성적을 올린 상위 8개 팀에는 다시 100만 달러씩의 연구비가 추가로 지원되었다. 그리고 이 연구비를 받은 팀은 1년 후 열리는 최종 대회, 'DRC 파이널 2015'에 의무적으로 출전해야 했다. 쉽게 말해 트랙 A, B, C를 거쳐 연구비를 지원받고, 대회

드디어 본선, 그러나 찾아온 처참한 패배

└─ 각 출전 팀에게는 차고(개러지)가 하나씩 주어졌다. 로봇을 점검하고 출전 준비를 할 팀별 공간이다. 전승민 촬영

까지 온 연구진들에게 이 대회의 탈락은 '앞으로 출전을 포기하든가, 꼭 출전하고 싶으면 모든 비용을 네 호주머니를 털어서 하라'고 선고를 받는 것과 마찬가지였다. 본래부터 100% 자비 출전인 '트랙 D'를 운영하던 팀과 한순간에 같은 처지로 전락하는 것이다. 이 정도 조건이면 본선과 무엇이 다르겠는가? 그만큼 2013년에 열린 DRC는 큰 가치를 갖고 있었다.

본래 DRC 대회는 주어진 8가지 미션을 모두 한 번에 해결해야 하지만, 2013년 트라이얼 대회는 규칙이 조금 달랐다. 그 당시 기술로는 워낙 어려운 것들이 많으니 각각의 미션을 한 번에 하나씩 수행하고 점수를 받아 총점을 합산해 점수제로 순위를 가리기로 했다. 미션 하나를 운동경기의 한 종목처럼 구분하고, 하나씩 해낼 때마다 미리 정해 놓은

기준에 따라 점수를 주는 형태다.

DRC 트라이얼 2013 대회에 주어진 과제는 총 8개. 처음 공고 당시 제안됐던 8개 과제와 거의 유사했지만, 진행방법은 다소 차이가 있었다. 과제마다 해결해야 할 임무가 3개였으며, 이 3개를 하나씩 해결할 때마다 1점씩 부여했다. 만약 3개 과제를 모두 완전히 수행할 때까지 중간에 한 번도 로봇을 정지시키지 않으면, 다시 말해 사람이 한 번도 로봇에 손을 대지 않고 무사 통과하면 보너스로 1점을 더 주었다. 한 종목에서 받을 수 있는 점수가 최대 4점이라는 의미다.

예를 들어 로봇이 사람처럼 문고리를 비틀어 열고 실내에 진입할 수 있는지, 그 실력을 알아보기 위해 진행하는 '문 열기' 과제에는 문 3개가 차례로 설치됐다. 첫 번째 문은 밀어서 여는 문, 두 번째 문은 당겨서 여는 문, 세 번째 문은 당겨서 열지만, 손을 놓으면 자동으로 닫히는 문이다. 이 3개를 차례로 모두, 무사하게 통과하면 4점을 받는 것이다. 만약 하나의 문만 열고 로봇 고장으로 완수하지 못했다면 1점만 받게 된다. 8개 과제가 모두 이런 식이니 8개의 종목을 모두 무사 통과하면 8x4=32점을 받을 수 있었다.

대회 이틀 전, 마이애미-홈스테드 스피드웨이 현장은 진풍경이 펼쳐졌다. 사람을 위한 스포츠경기 대회가 아닌, 로봇들을 위한 경진대회다 보니 대회의 진행 방식은 지금까지 보기 어려운 형태였다. 사람이 기계를 보조하고 기계가 움직여 승부를 겨루는 방식. 쉽게 말해 자동차 경기장에서 흔히 보던 형태를 많이 닮아 있었다.

[DRC 트라이얼 2013 대회의 종목과 평가기준]

과제	평가기준
자동차	자동차를 타고 출발해 목적지까지 가면 1점. 차에서 스스로 내리면 1점. 걸어서 경기장을 빠져 나가면 1점. 사람이 개입하지 않고 연속 성공하면 보너스 1점.
험지 돌파	경사로 및 둔덕 하나를 넘으면 1점, 보도블록으로 만든 3단짜리 계단을 통과하면 1점, 보도블록으로 만든 울퉁불퉁한 경사면을 통과하면 1점. 추가 보너스 1점.
사다리	사다리 위에 두 발을 모두 올려놓는 데 성공하면 1점. 5계단의 사다리를 무사히 올라가면 1점. 끝까지 올라가면 1점. 추가 보너스 1점.
장애물 제거	길을 막고 있는 각목으로 된 장애물을 로봇이 치우는 시합. 각목 5개는 1점, 10개는 2점, 15개를 치우고 걸어 나가면 1점. 추가 보너스 1점.
문 열기	밀어서 여는 문과 당겨서 여는 문, 손을 놓으면 자동으로 닫히는 문 3개를 통과하면 제각각 1점. 무사하게 통과하면 추가 보너스 1점.
벽 뚫기	전동 톱을 들어 벽에 삼각형 구멍을 내는 과제. 한 면을 자르면 1점 씩 총 3점. 추가 보너스 1점.
밸브 잠그기	크고 둥근 밸브, 작고 둥근 밸브, 막대형 젖힘 밸브를 하나씩 잠그면 각각 1점. 추가 보너스 1점.
소방호스 연결	벽에서 소방호스를 끌어내리는 데 성공하면 1점, 맞은편 벽으로 걸어가 연결할 파이프에 터치하는 데 성공하면 1점, 가져다 댄 호스를 잠그는 데 성공하면 1점. 추가 보너스 1점.

　자동차 경기를 관람해 본 사람들은 알겠지만 '피트인'이라는 규칙이 있다. 경기 트랙 한쪽에 '개러지차고'를 마련해두고, 타이어를 교체하거나 긴급 수리가 필요한 경우 즉시 조치해주도록 만든 것이다. 자동차 시합 중간에 차를 몰고 안으로 들어오면 불과 몇 초 만에 타이어를 갈아 끼우고 다시 출발시켜 주는 장면을 많이 봤을 것이다. 자동차 경기의 출전팀이 여러 곳이다 보니 이 차고도 여러 개가 있고, 각 팀의 차고

엔 그 팀의 기술진만이 들어갈 수 있다.

DRC 대회 역시 이와 비슷한 방식으로 운영했다. 각 팀에게 개러지를 하나씩 지급하고는 그 안에서 무슨 일을 하든 전혀 관여하질 않았다. 그리고 로봇을 가지고 출전하라는 연락이 오면, 내부에서 뚝딱대며 조립하던 로봇을 싣고 즉시 경기장 안으로 들어왔다. 물론 로봇이 자동차처럼 엄청난 속도로 트랙을 계속 도는 것은 아니니 시합 도중 피트인을 할 수는 없었지만, 각 팀에게 개러지란 공간을 지급하고 거기서 로

한국계 출전팀인 '팀 토르'를 지휘하고 있는 한재권 박사(현 국민대 교수)가 로봇을 끌고 경기장으로 들어서고 있다. 전승민 촬영

봇을 '출동'시키는 형태여서 상당히 흥미로웠다.

사실 이 방식은 2015년 6월 열린 DRC 파이널 대회에서도 큰 차이가 없었다. 책 말미에 다시 쓰겠지만, 최종 대회는 캘리포니아 LA로스앤젤레스 인근 '포모나'란 소도시에 자리한 '페어플렉스'란 이름의 복합 경기장에서 열렸는데, 여러 시설 중 '승마 경기장'을 빌려 진행했다.

대회 전날부터 개러지에 각종 장비를 세팅한 팀들도 있었고, 이날 아침부터 현장을 찾아온 팀들도 많았다. 각지에서 몰려든 첨단 로봇 연구팀들이 이날 아침 속속 현장으로 들어왔다. NASA JPL 팀은 새롭게 개발한 로봇 '발키리'를 초대형 트레일러에 싣고 현장에 나타나 존재감을 과시하기도 했다. 비단 NASA뿐만이 아니었다. 각 팀이 저마다 은연중에 다른 팀을 견제하면서 한편으로는 자신들의 기술력을 뽐냈다. 경기장 한쪽에서는 잔칫집 같은 분위기도 연출됐다. 세계가 넓다지만 이런 대회에 출전할 만큼 실력과 기술이 뛰어난 로봇공학자가 그리 많지 않다 보니 다들 얼굴을 아는 처지라 오랜만에 만나 서로 반가워하는 모습도 자주 눈에 들어왔다. 다른 팀 개러지를 찾아가 악수를 하고 서로의 로봇에 관해 물어보기도 했고, 자랑하듯 기술시연을 해 보이는 광경이 연출됐다.

STORY 2

자만에 가까웠던 자신감,
그리고 처참한 패배

"로봇이 넘어졌어요. 어떻게 된 겁니까?"

"센서에서 신호가 오질 않아요! 재부팅 준비해주세요."

2013년 12월 20일 오후현지 시간, 미국 플로리다 주 홈스테드 시에 있는 자동차 경기장 '홈스테드-마이애미 스피드웨이'에는 KAIST 연구진 20여 명이 개러지 안에 설치된 본부에 모여 앉았고, 경기장 출입이 허락된 5명은 '팀 KAIST'라고 적힌 푸른색 조끼를 입고 무전기로 연락을 주고받으며 로봇을 부산하게 점검하기 시작했다. 경기 도중 밸브를 열고 잠그는 과정에서 휴보가 넘어져 주변에 대기하던 연구진이 수리하러 달려 들어간 것이다. 하지만 제한시간 30분 안에 로봇을 수리해 임무를 완수하기는 무리였다. 결국 '삐익!' 소리와 함께 타임 종료 부저가 울렸다.

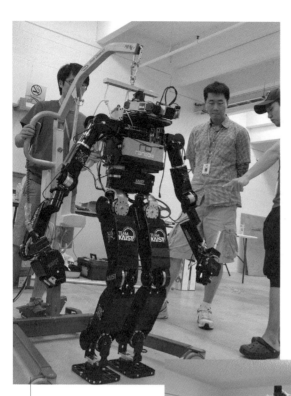

마이애미 현장에서 휴보를
점검 중인 KAIST 연구진.
전승민 촬영

몇 달 밤을 새우면서 치열하게 준비했지만, 실제 DRC 대회 현장은 녹록지 않았다. 예상했던 것과 달리 사소하게 생각했던 온갖 주변 환경들이 연구진을 옥죄어왔다. 고장, 오작동의 연속. 대회 첫날 오후가 되자 휴보 팀의 성적은 바닥을 달리고 있었다. 연구팀의 표정은 점점 더 굳어져 갔다.

사실 대회 이틀 전, 현지에 도착해 살펴봤던 휴보 팀의 모습은 자못 자신감에 넘쳐 있었다. 나는 사전 준비를 하는 휴보 팀 연구진들의 모습을 보기 위해 미리 대회 현장을 찾아가 봤었다. 준비 중이던 연구팀원들은 그 당시 상당한 자부심을 보였다. 이번 대회에서 최소 3~4위, 운이 좋으면 1~2위도 바라볼 수 있을 거라고 했다. 그도 그럴 것이 이미 국내에서 숱하게 많은 연습을 해온 그들이었기 때문이다. 휴보 팀은 대회에서 주어지는 많은 과제 중 대부분을 높은 확률로 해결할 기술적 자신감을 보였다.

오죽하면 현장에서 만났던 휴보 팀의 한 연구팀원은 "내가 맡은 종목은 당연하게 만점을 받을 자신이 있다. 몇 번을 연습해봤는지 세보기도 어렵다"고 말했을 정도다. 하지만 이런 자신감은 대회 하루 전날, 최종 시합에 앞선 리허설 당시부터 차근차근 무너지기 시작했다. 국내에서 연습을 할 때는 아무 문제가 없던 과제들이 대회 현장 상황에 따라 조금씩 환경이 달라지면서 갖은 문제를 일으킨 것이다.

더구나 야외라는 대회 현장의 거친 환경과 맞물리면서 생긴 문제도 있었다. 모래 먼지와 바람은 오작동을 일으키게 했고, 눈이 부시도록 강렬한 미국 남부의 태양 빛 등은 로봇에 붙어 있는 화상 카메라를 먹

통으로 만들었다. 이 모두가 한국에 있을 때는 생각지도 못한 변수들이었다. 급기야 팀 리더인 오준호 KAIST 교수는 리허설이 끝난 마지막 날 저녁, 팀원들을 모아 두고 "상황이 바뀌었다고 뭔가 기발한 아이디어를 내려고 하지 마라. 하던 대로 해라. 그래야 기본 실력을 발휘할 수 있다"며 팀원들을 질책하기도 했다.

마침내 20일에 본 대회가 시작됐지만, 대회 진행 상황은 여전히 희망적이지 못했다. 휴보는 평소 특기였던 문 열기, 장애물 제거, 벽 뚫기 등 3개 종목에서 0점을 받았다. 그동안 연습했던 대로만 했어도 모든 종목을 4점 만점을 받아도 이상할 것 없는 과제들이었다. 소방호스 연결과 밸브 잠그기 등 나머지 2개 종목에서도 각각 1점을 받는 데 그쳤다. 밸브 잠그기 과제는 전날 리허설 때만 해도 만점을 받았던 종목이었다. 계속해서 실수가 쏟아지니 팀원들이 당황한 것도 한 가지 요인이었다.

다음 날인 21일 아침. 대회 마지막 날이었지만 남은 과제가 얼마 없었다. 휴보 팀은 전날의 부진이 로봇의 발목 센서에 있다는 점을 발견해 내고 밤새 수리를 마쳐둔 상태였다. 발목이 고장 나 있으니 몇 걸음 걷지도 못하고 계속 쓰러지는 상황이 벌어졌던 것이다. 하지만 이미 남은 종목은 3개뿐이었다.

사실 이날 휴보 팀에게 남은 3개의 미션은 모두 대회에서 최고의 난이도를 자랑하는 것들이었다. 험지險地 돌파는 극강의 보행 기술을 완성해야만 통과가 가능한 수준이었다. 이 종목에서 만점을 받아낸 팀은 일본의 샤프트, 미국의 IHMC 로보틱스를 제외하면 단 한 팀도 없었다.

DRC휴보가 사다리를 기어오르는 모습. 난간을 팔로 붙잡고 사다리를 올라갈 수 있는 인간형 로봇은 전 세계적으로 휴보가 유일하다. 왼쪽 사진은 KAIST 연구진이 미국 드렉셀대학교 출전 팀을 위해 만들어 제공한 DRC휴보. 오른쪽 사진은 KAIST 연구진이 직접 가지고 출전한 DRC휴보이다. 두 로봇은 머리 부분의 카메라 형태가 약간 다른 모습을 하고 있다. 전승민 촬영

하지만 휴보 팀은 이 종목에서 1점이나마 따내는 데 성공했다.

1위 팀인 샤프트를 제외하면 어떤 팀도 도전을 포기했던 사다리 오르기 종목은 휴보 팀의 특기 중 하나. 이 종목에서 휴보는 4점 만점을 받아 주위를 놀라게 했다. 몇몇 해외 연구진은 휴보가 사다리 오르기 종목에서 만점을 받는 걸 보고 "대단한 기술이다. 저 팀이 어제 계속 0점만 받던 그 팀이 맞느냐?"는 말을 건네기도 했다.

자동차 운전에서 따낸 점수는 1점. 이 1점은 그 당시로는 사실 만점에 가까운 점수이기도 했다. 로봇의 카메라를 이용해 운전하는 것은 어느 정도 가능했지만, 차에서 내리는 기술을 보유한 팀은 단 한 팀도 없

었다. 차를 몰고 정해진 위치까지 가면 1점, 그다음에 차에서 내리면 다시 1점을 받는 규칙이었으니 당연히 어느 팀도 2점을 받아 내지는 못했던 셈이다. 이 결과 우리나라 휴보 팀이 이틀간 획득한 총점은 도합 8점이었다.

당시 나는 휴보 팀이 9위를 했다는 기사를 한국에 송고했는데, 이는 9~11위까지 점수가 모두 8점으로 동점이었기 때문이다. 하지만 다른 한편으로 계산하면 순위가 더 뒤로 간다. 중간에 사람이 개입한 횟수가 더 적으면 그 팀을 더 높은 순위로 쳐주기 때문이다. 따라서 결선 전체 16개 팀 가운데 휴보 팀이 거둔 성적은 정확히 11위라고 보는 경우도 있다.

휴보 팀은 DRC 트라이얼 대회에 '트랙 D'로 참가했다. '팀 KAIST'라는 이름이었다. 그리고 앞서 여러 번 설명했듯 '트랙 A'를 거쳐, 미국 드렉셀대학 연구진을 중심으로 진출한 '팀 DRC-HUBO' 역시 존재한다. 똑같은 로봇 'DRC휴보'를 가지고 대회에 참가한 팀이 두 팀이었다는 말이다. 이들의 성적은 어떻게 됐을까? 총점 3점을 받고 점수 계산 순위 12위, 전체 순위 13위에 그쳤다. 이 팀 역시 우리나라 KAIST 휴보센터가 로봇을 제공하고, 전문연구진도 파견하는 등 기술지원도 있었다. 그럼에도 이만큼 실력이 낮았던 건 변명의 여지가 없는 상황이기도 하다. 대한민국 대표 로봇 '휴보' 연구진의 참담한 패배였던 셈이다.

차원이 다른 존재,
日 '샤프트' 연구진

비록 휴보 연구진의 활약이 두드러지진 못했지만, DRC 트라이얼 대회는 로봇공학 역사에 큰 획을 그은 대회로 평가되고 있다. DARPA가 개최했던 무인자동차 대회 '그랜드챌린지' 역시 첫해에는 경기장 출발선을 빠져나가지도 못한 차량이 부지기수였다. 하지만 대회를 꾸준히 진행하는 동안 참가팀들은 대단한 기술적 진보를 이뤘고, 그 결과 2016년 현재 무인자동차의 상용화가 이미 코앞에 와 있는 상황이다. 여기에 비교한다면 이번 트라이얼 대회의 실적은 이루 말할 수 없이 크다고 볼 수 있다. 이 대회의 1위 팀은 일본 연구진이 주축이 된 '샤프트 엔터프라이즈'였다. 대회 전부터 우승 0순위로 불릴 정도로 강했던 이 팀이 들고나온 로봇 '에스원S-1'은 웬만한 팀은 시도조차 포기했던 종목들에서 척척 만점을 받아내곤 했다.

콘크리트 블록을 산처럼 쌓은 험지를 내달리듯 돌파해 혀를 내두르

일본 연구진을 주축으로 설립한 기업 '샤프트'에서 개발한 로봇 에스원(S-1)이 쌓아둔 벽돌 무더기 위를 걸어가고 있다. 전승민 촬영

게 했고, 장애물 치우기, 밸브 잠그기 등 다양한 과제도 과제당 최고 점수인 4점을 척척 따내서 20일 첫째 날 과제 전부를 만점으로 해치웠다. 전체 32점 만점 중 18점을 첫날 획득해내서 사실상 대회 시작과 동시에 우승을 확정 지었다.

그리고 이튿날 9점을 연속으로 따내 총점 27점으로 결국 대회 1위를 차지했다. 만점 중 겨우 5점을 놓친 셈인데, 이는 자동차 운전에서 1점만 받았던 것이 컸다. 사실 이 과제는 이 이상 점수를 받은 팀이 단 한 팀도 없는 과제였다. 그 외에는 문 열기 과제에서 실수하는 바람에 2점을 받은 것이었다.

로봇 보행 알고리즘 전문가로 KAIST 휴보 팀 멤버로 합류한 김정엽 서울과학기술대학교 교수전 휴머노이드로봇 연구센터 연구원 는 "일본 로봇이 걷는 모습을 살펴보면 사람이 개발한 거라는 생각이 들지 않는다"며, "기본인 걸음걸이가 안정되어 있으니 모든 미션을 손쉽게 해치우는 것 같다"고 말했다. 김 교수는 휴보랩에서 KHR-2와 휴보의 보행 알고리즘 을 개발해 낸 장본인이다. 자신의 지도교수였던 오준호 교수팀이 세계 적인 대회에 참가한다고 하자 힘을 보태기 위해 날아온 것이다.

앞 장에서 잠시 소개했지만, 로봇 에스원은 세계 최고 인간형 로봇으 로 꼽히는 일본 혼다자동차의 '아시모'와 같은 혈통이다. 에스원을 개 발한 샤프트 엔터프라이즈는 얼마 전 구글에 팔려 호평받고 있는 기업 으로, 관련 기술은 일본 산업기술연구소AIST 에서 이전받았다.

1위가 일본이라면 2위는 미국이었다. 트랙 B, C를 거쳐 아틀라스를 공급받고 대회에 참가했던 미국 로봇 전문기업 IHMC 로보틱스가 20점 으로 2위를 차지한 것이다. 4위인 MIT도 이 로봇을 이용해 대회에 참가 하고 높은 점수를 올렸다. 하지만 이 두 팀을 빼면 사실 로봇의 성능에 비해 결과가 다소 실망스럽기도 했다. 수십 대 일의 경쟁률을 뚫고 선 정돼 아틀라스를 제공받은 팀은 7개. 하지만 짧은 개발 기간 때문인지, 아틀라스가 가진 강력한 힘과 특징을 10분의 1도 살리지 못한 경우가 많았다. 대부분 팀은 주저주저 움직이다가 최저 점수를 받기 일쑤였다.

이해할 수 없는 것은 미국 NASA 연구진의 부진이었다. NASA JSC 팀 은 인간형 로봇 '발키리'를 들고 나왔는데, NASA JSC는 행사 시작 며 칠 진에 화성탐사용 로봇으로도 활용할 수 있다며 대대적으로 발키리 를 공개하기도 했다. 발키리는 겉으로 보기에도 대단한 고급형 로봇이란 느낌이 강했다. 흰색의 몸체에 굵은 팔다리는 튼튼했고, 전기모터도 크고 강력한 것을 썼다. 로봇 외부에는 진짜 가죽을 코팅하는 등 외양에도 크게 신경을 쓴 모습이었다. 하지만 이렇게 많은 연구비를 투자해 개발한 발키리는 막상 대회가 시작되자 수준 이하의 성능을 보였다. 19일 최종연습 때부터 실망을 안겨주던 발키리는 서너 발자국을 채 걷지 못하고 대부분 과목에서 0점을 받는 치욕을 당했다. 다만 NASA JPL이 들고나온 로봇 '로보시미안Robosimian'은 14점으로 5위에 올라 겨우 체면을 유지했다.

대회 현장에서 참가팀을 가장 골치 아프게 한 건 자동차 운전이었다. 현재 기술로는 각종 첨단 센서를 주렁주렁 매단 무인자동차도 홀로 자율주행에 나서기가 꺼려진다. 이런 일을 자동차에 올라탄 로봇 한 대가 해결하라는 건 거의 불가능에 가깝다. 대회 전 로봇의 자동차 운전은 불가능하다고 생각했지만 일본 샤프트와 KAIST, 토르 등 3개 팀은 그래도 1점을 받았다.

험지 주행도 쉽지 않은 과제였다. 언덕, 계단식, 울퉁불퉁한 산 등 다양한 경사면을 로봇이 걸어서 통과해야 한다. 샤프트 팀을 제외하면 험지 주행을 끝까지 완수한 팀은 한 곳도 없었다. 그나마 문을 열거나 장애물을 치우고, 밸브를 잠그거나 소방호스를 연결하는 작업은 '도전해 볼 만한 과제'로 꼽혔다. 물론 모든 일을 순식간에 해치울 수 있는 로봇은 없었다. 과제마다 15분의 준비시간과 30분의 실행시간 안에 이런 8개의 미션을 모두 완료해야 하는데, 로봇과의 통신 속도가 수시로 달라지고, 심지어 통신이 끊어지는 악조건에서 실행해야 했다.

주행과 사다리 오르기도 쉽지 않은 과제로 통했다. 하지만 울퉁불퉁한 콘크리트 블록 무더기 위를 걷는 험지 주행에서 샤프트와 IHMC 팀이 만점을 받았다. 사다리 오르기도 샤프트와 KAIST, 두 팀이 만점을 받았다. 샤프트의 로봇 '에스원'은 큰 사다리를 계단처럼 성큼성큼 걸어 올라갔다. 사실상 사다리가 아니라 높

└ 미국 '보스턴 다이내믹스'가 개발한 로봇 아틀라스의 모습. 전승민 촬영

다란 계단을 걸어 올라간 셈이다. 분명 뛰어난 기술이지만 사실 공정하진 않다는 생각이 들기도 했다. 대회 주최 측은 샤프트 팀을 위해 난간을 제거한, 계단 형태의 높다란 사다리를 추가로 만들어 주기도 했다.

반면, 이 종목에 한해서는 KAIST 팀에 높은 점수를 주고 싶다. DRC 휴보는 오랑우탄처럼 긴 팔을 최대한 활용했다. 손을 등 뒤로 돌려 사다리 양쪽 손잡이를 붙잡고 뒷걸음질을 치며 실제로 사다리를 '기어서' 올라갔다. 2013년 당시는 물론, 현재까지도 사다리를 두 팔과 두 다리

를 모두 이용해 올라갈 수 있는 최초이자 유일한 로봇이 DRC휴보이다.

개인적으로 2013년 DRC 트라이얼 대회를 보며 휴보가 비록 총점이 좋지 않았지만 제대로 약점을 보완한다면 해외 유명 로봇에 밀리지 않는 기술력 역시 선보일 수 있었던 자리라고 평가하고 있다. 0점 행진을 이어가던 패배 가운데도 휴보에 대한 희망을 놓지 않았던 것은 바로 이런 이유 때문이었다.

생각지도 못한 부진,
'NASA'

DRC 대회 시작 전부터 최고의 다크호스를 꼽으라면 사람들은 누구나 'NASA'를 언급했다. 전 세계 과학기술 연구기관 중 NASA만큼 유명한 곳이 또 있을까. NASA 연구진만큼 첨단 연구 성과를 세상에 많이 내놓은 기관도 없다. 그만큼 NASA라는 이름은 일반 대중은 물론 과학기술계 전문가들 사이에서도 특별하게 통한다.

그런 NASA, 특히 JSC가 들고나온 로봇의 이름은 '발키리.' 국제우주정거장에서 사람 대신 계기판을 조작하던 상반신 로봇 '로보너트2 Robonaut2'의 변형 모델이다. 본래 하체가 없는 상반신 로봇이었기 때문에 새롭게 하체를 개발해 나왔다. NASA는 DRC 트라이얼 대회 며칠 전부터 'NASA가 화성탐사까지 가능한 인간형 로봇을 개발했다'고 발표해 사람들의 관심을 한몸에 받았지만, 이 로봇은 막상 현장에서 아무것도 하지 못했다. 시합에 들어서면 벽에 머리를 박고 가만히 서 있다가 제한시간이 끝나면 그대로 다시 끌어내는 것이 전부였다. 전 종목 0점. 16팀 중 15위로 사실상 꼴등을 한 셈이다.

0점을 받은 팀은 사실 두 팀이 더 있다. 트랙 D를 통해 대회에 참가했던 미국 기업 '카이로스오토노미'가 결성한 '팀 치론.' 로봇 이름 역시 팀 이름과 같은 '치론'으로 지었다. 그리고 미국 민간로봇연구팀 '모자바톤'에서 들고나온 로봇 '버디'가 그것이다. 이 두 팀은 나름대로 독특한 틈새전략을 펴려고 했다. 치론은 6개의 다리를 가지고 있고, 필요하면 뒤에 네 다리만 남겨 두고 앞발 두 개를 들어 손처럼 사용할 수 있는 독특한 구조를 가지고 있었다. 버디는 두 팔을 갖고 있지만, 발 대신 4개의 목발로 땅을 짚고 걸어 다니는 형태였다. 아이디어는 나쁘지 않았지만 기술적으로 완성되지 못해 NASA JSC처럼 전 종목 0점을 받았다.

└─ NASA 산하 존슨우주센터(JSC)가 개발한 로봇 발키리의 모습. 화려하고 멋진 디자인이지만 실제 대회에서는 아무 것도 하지 못했다. 전승민 촬영

'DRC 트라이얼 2013'에 참가했던 세계 각국의 로봇들

1. DRC휴보

DRC휴보의 키는 145cm로, 기본형인 '휴보2'보다 20cm 더 커졌다. DRC 트라이얼 대회에서 휴보를 무기로 대회에 참가한 팀은 미국 드렉셀대학교, 우리나라 KAIST 두 팀이다.

2. 에스원

인간형 로봇의 강자인 일본 산업기술종합연구소(AIST)의 기술을 이어받아 미국 내 설립기업인 '샤프트 엔터프라이즈'라는 회사 이름으로 참가했지만, 사실상 일본팀이다. AIST가 개발한 HRP-2 시리즈를 기본으로 변형한 로봇 '에스원(S-ONE)'은 로봇강국 일본의 실력을 여과 없이 보여주며 1위를 차지했다.

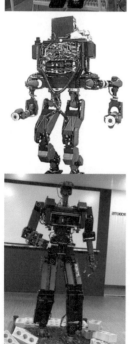

3. 똘망

국내 기업 로보티즈가 개발한 로봇. 버지니아공대와 협력해 만든 것으로 '토르-OP'라는 이름으로도 불렸다. 전신이 모듈화돼 있는 것이 큰 강점이다. 로봇의 모터와 감속기(기어변속장치)를 하나의 부품으로 묶은 '다이나믹셀'이라는 독자적 부품을 이용한다. 이 덕분에 토르는 팔, 다리, 손목 등 모든 부품을 언제든지 쉽게 갈아치울 수 있다. 보행이 중요할 때는 손을 떼어내고, 대신 손목에 카메라 모듈을 붙여 발아래를 내려다보고 걷게 만드는 등 다양한 응용전술을 폈다.

4. 침프

미국 카네기멜론대학교 NERC가 개발한 로봇. 카네기멜론대
학교는 무인자동차를 비롯해 산업용 로봇 분야에서 대단한 실
적을 갖고 있다. 실제로 시합에 출전한 로봇 '침프'도 다른 로
봇보다 크기도 크고 튼튼해 얼핏 보기에도 산업용 로봇 느낌이
강했다. 오렌지색 몸체가 인상적으로 강한 힘을 자랑하고, 걷
지 않아도 팔 다리에 붙은 무한궤도(캐터필러)로 이동이 가능
해 안정적으로 임무를 수행했다. 하지만 계단을 오르거나 자동
차를 운전하는 등의 고난이도 과제에서는 약점을 보였다.

5. 로보시미안

NASA 제트추진연구소(JPL)는 새로운 신형
로봇 '로보시미안'을 들고 나왔다. 사지를 모두
팔과 다리로 바꾸어 가며 쓸 수 있는, 마치 원
숭이처럼 보이는 변형 로봇이다. JPL팀은 화
성 탐사로봇 큐리오시티를 만든 곳으로 유명
하다. 실제로 전 종목에서 고른 점수를 받았지
만 개발한 지 얼마 되지 않아 아직 완성도를
높이지 못한 듯, 2013년 대회에선 다소 불안정
한 모습도 보였다.

6. 아틀라스

아틀라스는 뛰어난 실력을 자랑하는 미국의 로봇기업 '보스턴
다이내믹스'가 심혈을 기울여 만든 로봇이다. 유압식 구동장치
로 움직이는 대형 인간형 로봇으로, 성능 면에서는 전혀 나무
랄 것이 없었다. 하지만 이 로봇을 받아 출전한 7개 팀 중, 로봇
의 본래 성능을 100% 살려낸 팀은 드물었다.

7. 발키리

발키리는 겉보기에도 상당히 고급형이
란 느낌이 강하다. 흰색의 몸체에 굵은
팔다리도 튼튼하고, 전기모터도 크고 강
력한 것이었다. 진짜 가죽을 코팅하는 등
외양에도 크게 신경을 쓴 모습이었지만
외형에 비해 뛰어난 성능을 보이지 못했
으며 전 종목 0점을 받았다.

8. 치론, 버디

트랙 D로 출전한 미국 팀 '치론'은 민간 기업, '모하바톤'은 민간 로봇 연구팀 정도
로 보인다. DRC 이전엔 이름을 들어보지 못했던 기관들로, 수준 높은 대회에 참
가하며 자사 연구진들의 경험을 높여보려는 의도가 엿보였다. 두 팀 모두 0점을
받았다.

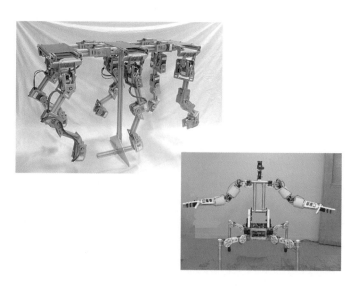

[DRC 트라이얼 2013 최종 순위표]

순위	팀명	로봇명	참가기관	점수	진출트랙
1	샤프트	에스원	샤프트 엔터프라이즈	27	A
2	IHMC 로보틱스	아틀라스	IHMC 로보틱스	20	B · C
3	타르탄 레스큐	침프	카네기멜론대학교 NERC	18	A
4	MIT	아틀라스	MIT	16	B · C
5	로보시미안	로보시미안	NASA JPL	14	A
6	TRACLabs	아틀라스	미국 로봇기업 TracLabs	11	B · C
7	WRECS	아틀라스	우스터폴리테크닉대학교	11	B · C
8	TROOPER	아틀라스	록히드마틴	9	B · C
9	THOR	똘망	버지니아공과대학-펜실베이니아대학-한국기업 로보티즈	8	A
10	ViGiR	아틀라스	버지니아공과대학-담스타트대학 연합팀	8	B · C
11	KAIST	DRC휴보	KAIST	8	D
12	HKU	아틀라스	홍콩대학교	3	B · C
13	DRC-Hubo	DRC휴보	드렉셀대학교-KAIST 연합	3	A
14	Chiron	치론	치론	0	D
15	Valkyrie	발키리	NASA JSC	0	A
16	Mojavaton	버디	모하바톤	0	D

안정적으로 걷고 일하는 로봇, 어떻게 만들까?

2013년 DRC 대회에서 참패한 휴보 연구진은 새롭게 DRC휴보2(DRC-HUBO+) 개발에 들어갔습니다. 이는 기존 DRC휴보의 단점을 보완하고 성능을 한층 높이는 작업이었죠. DRC휴보2의 구조와 성능에 대해서는 책의 말미에 다시 상세히 다루겠습니다만, 사실 인간형 로봇의 성능은 태반이 '걷기 능력'에서 승패가 걸립니다. 똑바로 서 있지 못하고, 안정적으로 걷지 못하는 로봇은 그 어떤 일도 제대로 하기가 어렵기 때문입니다.

휴보 연구진은 수도 없이 노력하고 또 노력하면서 더 빠른 걸음걸이, 더 안정적인 걸음걸이를 만들기 위해서 애써왔습니다만, 그럼에도 현실에서 필요한 걸음걸이와 '연구'를 위한 걸음걸이는 차이가 있었습니다. 2013년 열린 DRC 트라이얼 대회에서 이 사실을 체감한 연구진은 '그렇다면 처음부터 걸음걸이를 전부 보완하자'고 나서게 됩니다.

위치제어식이냐 압력감지식이냐

두 발로 걷는 로봇, 즉 인간형 로봇의 시초는 아시모로 알려져 있습니다만, 사실 최근에는 미국 로봇이 기술력 면에서 한 수 위가 아니냐는 평가가 많습니다. 이는 로봇을 걷게 하는 근본적인 방식에서 차이가 나기 때문입니다.

휴보와 아시모는 '발목 안정화'라는 기술을 이용해 중심을 잡고 걷게 만듭니다. 평평한 발바닥 위에 로봇을 올려두고, 발목에 있는 모터로 계속 중심을

잡아 쓰러지지 않게 만드는 것이죠. 그래서 휴보의 발바닥을 자세히 살펴보면 사람 발처럼 발 가운데 움푹 들어간 '아치'가 있거나 하지 않고 그냥 납작한 금속 판 형태를 하고 있습니다.

휴보와 아시모는 이와 같은 위치제어기술을 이용합니다. '지금 발바닥이 바깥쪽으로 2도 기울어진 자세이니, 발목을 안쪽으로 2도 꺾어 정강이 각도를 수직으로 만들어 주어야 넘어지지 않겠군!' 이런 식으로 주변 상황을 센서로 감지한 다음, 로봇의 모습과 형태를 계산하고 제어하는 방식입니다. 하지만 이대로만 세워 놓으면 옆에서 바람만 세차게 불어도 분명 나동그라질 것입니다. 그러니 발목을 이용해 몸의 중심이 틀어지면 정해 놓은 위치로 다시 되돌려 놓는 기술도 필요합니다. 이때는 로봇의 몸에 얼마나 큰 힘이 걸렸는지, 로봇을 누가 얼마나 세게 밀었는지는 고려하지 않습니다.

이 방법은 로봇이 걷고 달리게 만드는 데 큰 공헌을 했습니다만, 그만큼 약점도 있습니다. 사람이나 동물은 눈을 감고 가만히 있다 보면 자기 발이나 손이 정확히 어느 위치에 있는지를 정확하게 알지 못합니다. 그저 몸에 전해지는 외부의 힘과 압력을 감지할 뿐이지요. 예를 들어 누군가 여러분의 몸을 넘어뜨리려고 두 팔로 힘껏 밀고 있다고 가정합시다. 이때 넘어지지 않으려면 어떻게 해야 할까요? 그 힘을 피부로 느끼고 정확히 같은 힘으로 대항해 버티고 서든지, 아니면 몇 발자국 뒤로 물러서면서 상대방의 힘을 해소하고 다시금 중심을 잡든지, 그도 아니라면 더 큰 힘을 내서 상대방을 밀어내 버리고 다시 중심을 잡을지를 선택해야 합니다. 이 상황에서 중요한 것은 힘의 균형이지 팔다리가 현재 어디에 있는지 일일이 계산하는 것이 아닙니다.

이 상황은 로봇이 땅을 딛고 걸음을 옮기고 있을 때와 비교해도 그대로 적용됩니다. 사실 걸어 다닐 때 보면 어떤 곳은 울퉁불퉁하고, 어떤 곳은 흙이 부드럽고, 어떤 곳은 단단합니다. 중간 중간 돌이 튀어나와 있기도 하지요. 평평하고 매끈해 보이는 바닥도 경사가 있고, 겉보기엔 멀쩡해도 매우 미끄러운 곳도 있습니다. 이런 상황에서 위치제어방식으로 100% 중심을 맞추기란 상당히 어려운 일이죠. 가끔 인간형 로봇이 중심을 잃고 휘청대는 모습을 볼 수 있는데, 이런 상황에 정확히 대응하기가 어렵기 때문입니다.

그래서 과학자들은 사람과 비슷한 '힘제어' 방식을 고안해냈습니다. 발이 땅을 디디고 섰을 때 발바닥으로 체중과 압력을 느끼고, 거기에 맞춰서 힘을 주게 만드는 방법이죠. 미국에서 최근 개발 중인 로봇은 주로 이런 압력감지 방식을 이용합니다. 꼭 그런 것은 아닙니다만 전자는 보통 전기모터로 구현하기 유리하고, 후자는 유압식 구동장치를 이용하는 것이 유리하지요. 그리고 무언가 복잡한 상황에서 '일'을 하려면 전자보다는 후자가 절대적으로 유리합니다. 전자를 발바닥 형, 후자를 발끝 형이라고 부르기도 합니다.

바닥을 피부로 느껴야 성큼성큼 걷는다

왜 많은 로봇 연구팀들이 이렇게 복잡한 방법을 쓸까요? 제대로 움직이는 로봇을 만들기 위해서는 주변 환경과의 교류가 필수적이기 때문입니다. 휴보는 전기모터로 움직입니다. 이 모터나 감속기를 알루미늄 합금 뼈대로 감싼 전형적인 '갑각류' 형 구조를 갖고 있죠. 반대로 로봇의 앞뒤로 길이가 변하는 유압식 실린더, 즉 '포유류'의 인공 근육처럼 쓸 수 있는 구동장치를 갖고 있는 미국식 로봇에 비해 자연스러운 동작을 구현하는 데는 다소 불리할 수 있습니다. 물론 저마다 장단점이 있는 형태이기 때문에 어느 것이 더 진보된 형식이냐를 따지는 것은 무리가 있습니다만, 재난구조로봇의 임무에는 후자와 비슷한 '힘 조절 기능'을 구현하는 것도 꼭 필요합니다. 따라서 휴보와 같은 위치제어식 로봇은 어떻게 해서든 이 문제를 해결하는 것이 중요합니다. 외부의 힘과 반응하고 거기에 맞게 힘을 주어 자신의 균형을 적극적으로 잡아 나가는 방법이

위치제어 방식을 이용하고 있다고
해서 전혀 없는 것은 아니니까요.
우선 생각해볼 방법은 시간 차이를
이용하는 것입니다. 누가 내 몸을 세
게 밀었다면 내 몸도 더 빨리 넘어지
겠지요. 그 시간을 잰다면 거기에 대
응해 모터의 속도를 조절하면 됩니
다. 힘을 측정하는 센서를 여기저기
붙이는 방법도 있고, 여러 개의 모터
를 설치하고 개수를 조절할 수도 있
습니다. 모터에 생기는 과전압을 측
정하는 방법도 있지요. 실제로 아시
모는 이런 '편법'을 매우 잘 이용하

고 있는 것으로 유명합니다. 그러니 발목에 걸리는 힘을 절묘하게 감지해 한발
뜀뛰기를 연속으로 하면서도 균형을 잃지 않는 묘기를 보여줍니다.

이런 기술이 발전한다면 로봇이 중심을 잡고, 걷고 뛰는 능력 역시 한층 더 높
아집니다. 발을 헛디뎌도 즉시 중심을 잡는 방법을 로봇에게 가르쳐 줄 수 있
기 때문이죠. 이미 세계 최고의 로봇 기업으로 꼽히는 '보스턴 다이내믹스'가
개발한 압력감지식 로봇 '아틀라스'는 울퉁불퉁하고 복잡한 산길을 마치 사람
처럼 헤집고 걸어 다니는 영상을 공개해 커다란 화제가 될 정도입니다. 이런
기술은 아직 보스턴 다이내믹스 이외에 어떤 연구진도 해내지 못한 것입니다.
휴보와 DRC 우승을 놓고 겨루던 트랙 B, C팀에게 지급된 로봇이 바로 이 아틀
라스였다니, 휴보가 얼마나 힘겨운 상대와 경합을 벌여왔는지 알 수 있습니다.
휴보 연구진은 DRC 대회를 거치며 휴보의 걸음걸이를 크게 진보시키는 데 성

공했습니다. 가끔 연구실을 찾아가서 보면, 지금의 휴보는 몇 년 전과 비교하기가 힘들 만큼 성능이 높아졌습니다. 발끝에 전해지는 압력을 느끼고 실시간으로 중심을 잡게 하였고, 발목의 안정성을 더 높이기 위해 모터의 출력도 크게 높였습니다. 안정성을 높이기 위해 몸체의 외부 프레임도 교체했지요. 모터가 돌아가면서 발생하는 열을 식히기 위해 측면에 뚫어놨던 공기구멍을 없애고, 알루미늄 합금도 더 두껍게 만들어 뒤틀림에 잘 견딜 수 있도록 했습니다. 대신 열을 식히기 위해 고성능 쿨러를 만들어 붙였죠.

여기에 강한 힘을 얻을 수 있도록 전압을 모았다가 한꺼번에 내보내는 고용량 축전기도 설치했습니다. 강한 힘이 필요할 경우 전기를 모았다가 한 번에 터뜨릴 수 있어 사람처럼 잠깐 쉬었다가 크게 힘을 내는 듯한 동작이 가능해졌죠. 이렇게 한 결과, 걸을 때 한층 더 높은 안정감을 얻을 수 있었습니다.

외부 환경과 '교감'이 관건

이런 과정에서 빼놓을 수 없는 것이 바로 '외부환경을 얼마나 올바르게 감지하고, 거기에 제대로 대응하느냐'입니다. 기계가 주변 환경을 얼마나 잘 감지하고, 그 과정에서 주위 환경에 맞게 얼마나 안전하게 움직이게 만들 것인가. 이 문제는 꼭 두 발로 걷는 로봇뿐 아니더라도 무언가 '일'을 하는 연구팀들에겐 끊임없이 해결해나가야만 할 공학계의 영원한 숙제이기도 합니다.

얼마 전엔 로봇 손가락과 팔 관절 마디에서 생기는 전류량을 계산해 힘을 제어하는 방법을 독자적으로 개발한 국내 연구팀도 있습니다. 연구팀은 이 기술을 '블라인드 그래스핑'이라는 이름이라고 부르더군요. 한국생산기술연구원 융합생산기술연구소 배지훈 박사팀은 이 기술을 이용해 2015년 10월 독특한 로봇 한 대를 소개해 화제가 됐습니다. 로봇이 두 손에 한 개씩 기계 부품을 잡아 들고, 그것을 손끝의 감각만 이용해 조립해내는 기술을 세계에서 처음으로 개발해낸 것입니다. 비록 휴보처럼 두 발로 걷는 로봇은 아니었습니다만, 지금까지 본 적이 없는 기술이라서 저도 깜짝 놀라 취재를 갔던 기억이 납니다.

이 로봇은 머리 위에 있는 카메라 장치로 각종 부품을 인식하는 동시에 손끝 감각을 이용해 물건을 집어 올려 조립하는데, 양손에 16개씩, 모두 50개의 관절이 있어 다양한 인체 동작을 흉내 낼 수 있습니다. 특히 사람처럼 손끝에 전해져 오는 힘을 느끼고 이리저리 손을 움직여가며 부품을 정확하게 끼워 맞출 수 있죠. 게다가 오차 0.05mm 수준의 정밀한 조립작업을 자랑합니다.

별 것 아닌 일이라고 치부할 수도 있겠습니다만, 지금까지 공업용 로봇은 보통 집게 형태의 손을 갖고 있었습니다. 물건을 집어 드는 것이 아니라 집게 사이에 끼워 올리는 방식이었지요. 새로운 작업을 하려면 거기 맞춰 로봇도 새로운 것을 도입하거나 사람이 수작업을 해야 했습니다. 앞으로 이런 문제가 해결된다면 사람 대신 공장에서 수작업을 해줄 수 있는 로봇의 개발도 가능할 것으로 보입니다. 연구팀은 특히 개당 천만 원을 호가하는 값비싼 '힘센서' 없이도 물체를 집어 들고 작업할 수 있게 만들었다는 점을 크게 자랑했습니다.

로봇은 사람과 함께 살아가야 할 친구이자 기계입니다. 그러니 사람들은 안전하면서도 힘센 로봇을 만들고 싶어 하죠. 그러니 이런 '외부 환경과 교감하는 로봇'은 로봇공학계에서 반드시 고려해야만 하는 덕목이 됐습니다. 최근에는 공장에서 일을 하는 공업용 로봇조차 사람의 몸에 부딪칠 경우 저절로 힘을 빼주는 기능이 들어 있기도 합니다.

사람과 길을 가다 어깨를 부딪치면 자기가 먼저 몸을 움츠려 서로의 부상을 줄여 주는 로봇. 어린아이와 뛰어놀 땐 가볍게 손목을 잡아 주지만, 재난 현장에 들어서면 커다란 힘을 발휘해 복잡하게 쌓인 잔해를 힘차게 부숴버릴 수 있는 로봇. 이런 똑똑하고 힘센 로봇을 만들기 위해 과학자들은 오늘도 매일같이 노력하고 있습니다.

TASK 5

DARPA의 한국팀 특별출전 요청
제자에게 무릎을 꿇는 리더십… "기본기가 승부의 관건"
마침내 모습 드러낸 'DRC휴보Ⅱ'

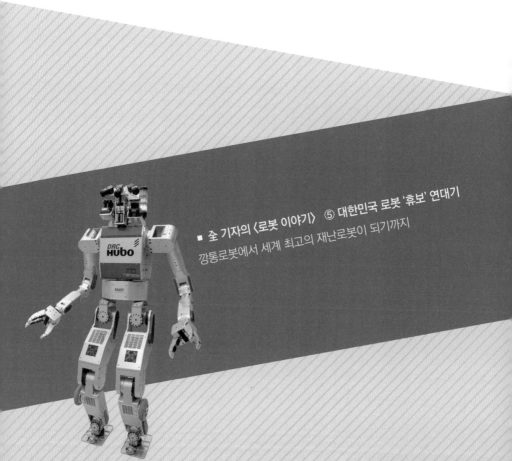

■ 金 기자의 〈로봇 이야기〉 ⑤ 대한민국 로봇 '휴보' 연대기
깡통로봇에서 세계 최고의 재난로봇이 되기까지

무릎을 꿇고
"나를 따르라"고 말하다

DRC 트라이얼 대회가 끝이 나고, 휴보 팀의 분위기는 한동안 초상집 같았다. 대회 성적이 바닥까지 떨어지자 팀을 이끌던 오준호 교수는 미국 현지에서 "내가 바깥일에 신경을 많이 써서 그런 것 같다. 돌아가면 즉시 부총장을 그만 두겠다"고까지 말했다.

　　당시 오 교수는 학교 내에서 '대외 부총장' 직을 맡고 있었으며, 탁월한 행정 능력으로 교내 교수들 사이에서도 평가가 높았다. 부총장이면 대학 누구나 탐내는 보직이다. 특히 대외 부총장은 학교를 대표해 전 세계를 누비며 타 대학과의 협력 등을 논의하는 자리로, 홍보 및 기획 등 학내 핵심 부서를 총괄하는 자리다. 그런 소중한 지위를 단순히 로봇 연구를 하기 위해 포기하겠다고 나선 것이다.

　　물론 부총장 자리가 그만두고 싶다고 바로 그만둘 수 있는 자리는 아니다. 후임자를 정할 때까지 오 교수는 약 6개월 정도 보직을 유지해야만 했다. 하지만 이미 사표를 던진 입장. 오 교수는 학교 일보다는 DRC

휴보의 성능을 높이는 일에 주력하기 시작했다. 더구나 의기소침해 있을 상황도 아니었다. 당장 휴보 연구진은 약 1년 후 열릴 최종 본선 대회에 나가기 위해 DRC휴보의 성능과 안정성을 비약적으로 높일 필요가 있었다. 힘든 여정을 겪어 왔지만 앞으로도 남은 일정을 소화하기 위해 연구실 팀원들을 격려하고 필요할 때는 채찍질도 해야 했다. 그리고 그만큼 휴보의 성능 역시 비약적으로 높아지기 시작했다. 오 교수의 '독보적 리더십'이 빛을 보기 시작한 것이다.

DARPA의 한국팀
특별출전 요청

　휴보 팀이 DRC 트라이얼 대회에서 좋지 않은 성적을 올리긴 했지만 최종 결선에 출전할 길까지 완전히 막힌 것은 아니었다. 휴보 팀은 사실 2013년 DRC 트라이얼 대회에 출전할 때도 트랙 D로 도전했다. 트랙 A를 받아 나간 팀은 '드렉셀대학교 연합팀'이다. 쉽게 말해 미국 대학 연구진이 휴보 한 대를 제공받아 출전한 것으로, KAIST 역시 같은 팀의 일원으로 공동출전했지만 주도적으로 팀을 이끈 것은 아니었다. 이 때문에 양동작전의 의미에서 KAIST 팀도 트랙 D로 동시에 출전했다. 만약 당시 대회에서 KAIST 팀이 1위를 했다고 해도 100만 달러의 연구비는 나오지 않았을 것이다. 정식으로 트랙 A를 밟고 올라온 팀이 아니기 때문이다.

　하지만 실적이 부진하면 연구비를 얻기도 힘겨워지는 법이다. 2013년 대회에서 수위 이상의 성적을 올렸다면 "이번에는 우승도 노려볼 수 있다. 적극적인 지원을 해달라!" 하고 연구비를 지원하는 정부부처나 기업 등에 떳떳하게 요청할 수 있지만, 16개 팀 중 9위니 11위니 하는 성적표를 내밀며 "지원을 좀 해달라"고 말하긴 쉽지 않은 탓이다.

로봇을 만드는 데는 적잖은 돈이 든다. 그건 휴보 팀도 마찬가지였다. DRC휴보 1대의 가격은 적게 잡아도 5~6억 원. 여기에 연구팀원들의 인건비도 문제다. 대회 참전을 위해서는 수십 명이 비행기를 타고 현지까지 날아가야 하고, 매일 적지 않은 돈을 쓰며 체류해야 한다. 적게 잡아도 수억 원가량의 비용이 추가로 필요한 상황이었다. 빠듯한 정부 연구비를 쪼개 쓰던 휴보센터 입장에선 결코 쉽게 보기 힘든 액수였다.

고심하던 휴보 팀을 위해 해결책을 제안해 준 것은 DARPA였다. 한국과 일본이 빠진 DRC 대회는 결국 '미국만의 잔치'로 전락해 큰 의미가 없게 된다고 본 DARPA는 한국 정부에 "DRC 대회는 큰 의미가 있으니 여기에 출전할 한국의 팀을 선정하고 지원해달라"고 요청했다. 우리나라 산업통상자원부는 이 취지에 공감해 3개 팀을 선정해 10억 원가량씩 지원하기로 했고, 휴보 팀은 총액 13억 5,000만 원가량을 지원받았다.

심사 결과 국내 최고의 인간형 로봇기술을 가진 KAIST 그리고 버지니아공대 연합팀에 한국형 인간형 로봇 '똘망'을 만들어 제공한 적이 있는 국내기업 '로보티즈'에게 우선권이 돌아갔다. 그리고 서울대학교 박재흥 교수팀이 새롭게 선정됐다. 박 교수팀은 로봇 제어 소프트웨어 분야에서 실력을 인정받고 있지만, 인간형 로봇을 처음부터 개발하긴 어려워 '로보티즈'로부터 똘망 한 대를 공급받아 대회에 참가키로 했다.

DARPA는 일본 정부에도 같은 요청을 했다. 이 덕분에 지금까지 DRC
에 큰 관심을 보이지 않았던 일본의 로봇 연구진 5팀의 출전 역시 이끌
어냈다. 일본 산업기술연구소AIST 와 도쿄대학교 등 일본 굴지의 로봇
연구진으로 구성된 팀을 선발했다는 소식 역시 들려왔다.

　　시간은 처음부터 걸림돌이었다. DRC 파이널 대회는 본래 2014년 12
월로 예정되어 있었다. 출전비용을 마련하고, 각종 연구 과제를 처음부
터 점검하던 후보 팀에겐 시간이 턱없이 부족했다. 그러나 하늘은 스
스로 돕는 자들을 돕는다고 했던가! DARPA 역시 미국 내 사정 등을 고
려해 대회를 6개월 미루기로 했다. 최종 결승전이 열리는 'DRC 파이널
Final' 대회를 2015년 6월로 결정한 것이다.

DRC에 출전했던 한국 연구진

DRC 출전 팀은 매 대회마다 수시로 변했다. 여러 팀이 출전하고 서로 팀을 이뤄 협력하기도 했다. 따라서 모든 출전팀이 어느 대학, 어느 연구실이 어떻게 함께 모여 대회에 출전했는지, 어떤 로봇을 이용했고 그들의 팀 구성이 어떻게 변화했는지를 모두 명백하게 정리하기는 쉽지 않다. 하지만 최소한 국내 연구진을 포함한 한국계 로봇 연구팀의 출전 상황만큼은 정리해 둘 필요를 느껴 소개하고자 한다.

2013년 여름에 진행된 기술평가 형식의 대회를 통과한 한국계 연구진은 두 팀이었다. 폴 오 드렉셀대학교 교수팀을 필두로 한 '팀 DRC-HUBO', 그리고 데니스 홍 버지니아공과대학교 교수팀을 필두로 한 '팀 토르'였다. 이 두 사람의 교수는 모두 한국계 미국인이다.
이 두 팀은 그대로 2013년 12월에 진행된 'DRC 트라이얼' 대회에 참가하게 되는데, 이때 DRC-HUBO 팀과 공동전선을 펴던 우리나라 KAIST 휴보센터 연구진이 '팀 KAIST'란 이름으로 트랙 D를 선택해 다시금 출전하게 된다. KAIST는 인력을 둘로 나눠 두 개의 팀으로 출전한 셈이다. 따라서 2013년 DRC 트라이얼 대회에 출전한 한국팀은 모두 세 팀이었다.
이 당시 팀 DRC-HUBO와 팀 KAIST는 똑같은 DRC휴보를 이용했다. 팀 토르의 로봇 선택은 조금 복잡했는데, 버지니아공과대학교 산하 로봇연구소 로멜라(ROMELA)에서 개발하던 '사파이어'란 이름의 고성능 로봇에서 하체만을 가지고 온 다음, 상반신은 우리나라 기업 '로보티즈'에서 공급받아 결합하는 형태로 새로운 로봇 '토르'를 개발할 계획이었다. 그러나 연구팀의 사정으로 토르를 완성하지 못하게 되면서 로보티즈의 '똘망'을 공급받아 그대로 출전했다. 데니스 홍 교수팀은 똘망을 '토르 OP'라는 이름으로도 불렀다. OP란 오픈 플랫폼이라는 의미다.
책 전반에 서술한 대로, 이 당시 3개 팀의 성적이 모두 좋지 못했다. 공식적으로 팀 토르는 9위, 팀 KAIST는 11위, 팀 DRC-HUBO가 13위를 차지한 것은 잘 알려져 있다. 이후 팀 토르의 사정은 다소 복잡해지기 시작했다. 데니스 홍 교수가 버지니아공과대학교에서 캘리포니아대학교 로스앤젤레스캠퍼스(UCLA) 교수로 이직했기 때문이다. 이 당시 홍 교수는 버지니아공과대학교에서 자신이 운영하던 로봇 연구소 로멜라를 UCLA로 옮겨 갔는데, 로봇이나 설비의 일부분은 대학의 자산으로 잡혀 있었던 탓에 어쩔 수 없이 연구소가 두 개로 나뉘게 되었다.

2015년 6월 열린 파이널대회에서는 버지니아공과대학교에 남은 팀은 본래 '토르'란 이름으로 소개하려던 로봇을 '에스처(ESCHER)'로 바꾸고, 팀 이름도 '바롤(VALOR)'로 바꿨다. 상반신 역시 독자적으로 새롭게 개발했다. 반대로 데니스 홍 교수팀은 팀 토르란 이름 그대로 다시금 대회에 진출했다. 또 로봇은 로보티즈로부터 똘망 1대를 공급받고, 소프트웨어 및 일부 구조를 새롭게 개발하고 '토르-RD'란 이름을 붙였다.

데니스 홍 교수팀에 로봇과 기술지원을 하던 '로보티즈' 역시 DRC 파이널에 '팀 로보티즈'를 꾸려 독자적으로 참가했다. 하나로 협력하던 팀들이 3개로 나뉘어 출전하게 된 것이다. 또 서울대학교 문화기술대학원 박재흥 교수팀은 로봇을 직접 개발하지 않고 로보티즈로부터 똘망을 제공받아 대회에 나갔다.

로봇 휴보를 기반으로 출전했던 팀들도 다소 복잡한 사정을 겪었다. 팀 KAIST가 산업통상자원부로부터 별도 연구비를 받게 되면서, 팀 DRC-HUBO에 기술지원 인력을 따로 두지 않게 됐다. 팀 DRC-HUBO도 나름의 변화를 겪었는데, 이 팀의 리더인 폴 오 교수가 드렉셀대학교에서 네바다대학교 라스베가스캠퍼스(UNLV) 교수로 옮겨 가면서, 팀 이름을 'DRC-HUBO@UNLV'로 변경했다. 그리고 우리나라 국민대학교 조백규 교수팀과 협력해 한 팀으로 출전하게 된다. 조 교수는 KAIST에서 휴보 개발에 참여했던 인물이다.

제자에게 무릎을 꿇는 리더십…
"기본기가 승부의 관건"

본격적인 준비가 시작되면서 연구실 내부의 의견충돌 역시 잦아졌다. 오 교수는 DRC 대회 이후 언론과의 인터뷰에서 팀을 하나로 모으는 것에 대한 어려움을 여러 번 토로하곤 했다. 그도 그럴 것이 소위 최고 전문가들이 모인 집단이다 보니 의견을 하나로 모으기가 쉽지 않았던 것이다. DRC 대회 종료 후 KAIST에서 열린 인터뷰에서 "연구원들은 모두 각 분야의 최고 전문가이고 천재들"이라며, "누구 한 사람 할 것 없이 다들 고집이 세고, 옳다고 생각한 것은 잘 수정하지 않는다. 연구 방향을 수정하라고 하면 절대 바로 안 한다. 안 되는 이유만 12가지를 들고 온다"고 말했을 정도다.

이럴 때마다 오 교수는 "속는 셈 치고 내가 시키는 대로 3일만 해보고 다시 이야기하자"고 제자들을 독려했지만, 극단으로 의견이 갈라지는 경우 역시 있었다. 그는 제자에게 무릎 꿇은 사연마저 소개했다. 오

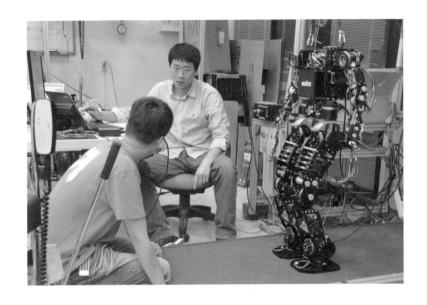

교수는 "핵심 기술진 중 한 명인 허정우 박사와 의견충돌이 심해지자 '무릎을 꿇으면 하자는 대로 하겠느냐'면서 결국 무릎을 꿇었고, 그것이 좋은 결과로 이어졌다"고 말했다.

오 교수가 이렇게까지 이야기하면서 강조한 것은 '기본기'였다. 휴보 팀이 정한 '업그레이드' 비결은 기본으로 돌아가는 것이었다. 로봇을 안정적으로 걷게 만드는 것. 의도하지 않은 상황에서 시스템이 다운되는 일을 막는 것. 이런 '기본기'가 완전하지 않으니 연습 때 매번 만점을 받던 과제도 실전에 들어가 0점을 받는 사태가 속출했다는 것이다.

휴보 제작 기업인 김인혁 레인보우 이사는 "로봇의 팔을 길게 만들고, 변신능력을 높이는 것은 외형적인 문제였다"면서 "얼마나 더 안정적인 로봇을 만드느냐를 놓고 가장 많은 시간을 들였다"고 말했다. 실제로 휴보의 안정성은 이때를 기점으로 급속도로 높아지기 시작했다.

우선 휴보 연구진은 로봇을 제어하는 운영체제OS 를 독자적으로 새롭게 개발했다. 휴보의 몸속에는 컴퓨터가 들어간다. 이 컴퓨터를 부팅시킨 이후에 그 위에서 돌아가는 로봇 제어 프로그램을 깔아서 쓴다. 만약 운영체제 자체에 문제가 생긴다면 로봇 개발팀으로서는 손쓸 방안이 없게 된다. 하지만 어디까지나 로봇의 제어 프로그램을 만드는 입장에서 컴퓨터 시스템용 OS를 처음부터 다시 만들 수는 없는 일. 휴보 연구진은 가장 동작 속도가 빠르고 안정도도 높은 컴퓨터용 운영체제 '리눅스Linux'에 주목했다. 과거에는 개인용 PC 등에 주로 활용하는 '윈도우'를 내부 컴퓨터용 운영체제로 사용했으나 2009년 개발된 휴보2 이후부터는 리눅스 시스템을 기본으로 로봇의 제어 프로그램을 설치해 사용해왔다.

하지만 DRC 대회를 준비하면서 이런 다양한 로봇 제어 프로그램을 통합적으로 운영할 필요성을 겪게 됐고, 결국 운영체제를 새롭게 개발하기로 결심했다. 물론 휴보 팀은 ICT 전문 연구진이 아니라 로봇 연구팀이다. 따라서 완전히 새로운 운영체제를 처음부터 새롭게 개발하긴 쉽지 않다. 다만 리눅스라는 기존 운영체제 위에서 움직이는 새로운 '운영 환경Operating Environment'을 직접 개발한 것이다.

1990년대에 컴퓨터를 사용해 본 사람들은 알겠지만 당시에는 MS-DOS라는 컴퓨터 운영체제를 일단 설치한 다음, 그 위에 '윈도우 3.1'이라는 운영체제를 다시 한번 설치하고, 그다음에야 여러 가지 응용프로그램앱을 설치해 사용하곤 했다. 이것과 비슷하게 휴보를 통합 제어하기 위한 중간 단계의 관리자 프로그램을 새롭게 만든 것이다.

휴보 연구진은 이 운영체제의 프로그램의 이름을 '포도PODO'라고 불렀다. 실제로 먹는 과일 이름 '포도'에서 따왔다. 예를 들어 로봇을 조종하려면 팔을 제어하는 프로그램과 다리를 제어하는 프로그램, 시각 기능을 조종하는 프로그램을 제각각 짜야 한다. 이 각각의 프로그램을 마치 포도 한 송이처럼 구분해서 제어한다는 뜻이다.

이 포도에 대한 휴보 팀의 자부심은 대단하다. 실제로 세계 어디에도 이 같은 로봇 운영체제를 보유한 경우는 별로 없다. 이런 시스템은 실제로 로봇을 만들 때도 도움이 됐다. 이정호 레인보우 대표이사는 "기존에 있던 로봇 구동 소프트웨어들이 너무 복잡하고 로봇에 적용하기에 무리가 많았다"며 "컴퓨터공학과 출신이 아닌 나 같은 사람도 포도 송이 같은 구성만 고려하면 되므로 안정적인 시스템을 만드는데 큰 도움이 됐다"고 말했다.

포도는 2013년 트라이얼 대회에 쓰였던 기본형 DRC휴보에도 적용했었다. 하지만 개발 초창기여서 시스템이 안정되지 않은 것이 문제였다. 그래서 휴보 연구진은 기존의 단점을 최대한 보완한 새로운 로봇을 개발하고, 이 신형 로봇과 포도의 시스템 궁합을 완벽히 맞추기 위해 많은 공을 들였다. 추후 들은 이야기지만 포도는 실제로 시합을 운영하는 도중 큰 보탬이 됐다. 이 대표는 "과제별로 작동하는 모듈이 달라서 한 군데서 에러가 나더라도 다른 모듈을 쓰면 돼 문제를 빨리 해결할 수 있었다"고 말했다.

또 다른 관건은 시각처리 기술. 휴보 팀은 영상처리기술을 개발하지 않고 관련 분야 전문팀의 도움을 받기로 했다. 같은 KAIST의 권인소 전기 및 전자공학부 교수팀과 협력기로 한 것이다. 권 교수팀은 세계 최고 수준의 카메라 영상 인식처리 기술을 갖고 있다. 이 기술을 휴보에 이식하고, 포도 시스템을 이용해 전체를 한 번에 제어하도록 만들었다.

휴보센터에서 박사과정을 공부하고 있는 이인호 KAIST 학생은 "로봇은 레이저 스캐너로 주변 환경을 인식하는데, 사람은 그 옆에 달아놓은 카메라로 주변 환경을 살펴봐야 하므로 어쩔 수 없이 시야 차이가 생긴다"며 "권 교수팀의 기술을 적용해 시차를 소프트웨어로 보정하게 만든 결과, 눈으로 본 화면을 보고 그대로 로봇을 조종할 수 있게 됐다"고 말했다. 실제로 이 시절 종종 휴보센터를 방문해보면 대단한 긴장감이 흘렀다. 연구실 한쪽 벽에 커튼을 치고 외부의 시선을 가린 다음 내부에서 신형 휴보를 온종일 뚝딱대며 만들었다. 신형 냉각장치를 실험해보기도 하고, 발목 힘을 높이기 위해 새로운 전자회로를 설치하기도 하는 등 다양한 연구를 계속했다.

그러던 어느 날, 휴보센터를 찾아가자 새로운 DRC휴보가 거의 완성단계에 도달한 것을 확인할 수 있었다. 설명을 요청하자 흔쾌히 로봇의 모든 부분을 소개해주겠다는 것이 아닌가! 보통 새로운 로봇을 개발하면 공식 발표과정을 거쳐야 하므로 다소간 취재, 보도에 제한을 두던 것과는 딴판이었다. 연구팀 관계자는 "안 그래도 바로 언론공개를 하려고 사진도 촬영해 둔 상태였는데 마침 잘 됐다"고 했다. 국내 최초로 새로운 한국형 재난구조로봇을 단독으로 취재할 수 있었던 날이다.

STORY 3

마침내 모습 드러낸
'DRC휴보Ⅱ'

"더 큰 키와 체격, 더 강력해진 힘으로 돌아왔습니다. 걸음걸이는 기존과 비교할 수 없을 만큼 안정적이고, 기존에 없던 뛰어난 안정성도 확보했습니다. 감히 세계 최고의 '재난구조로봇'이 될 것이라고 자부합니다."

새로운 로봇을 소개하는 연구팀의 목소리에는 자부심이 넘쳤다. 그간의 고된 노력이 담겨 있기 때문일 것이다. 공식 대회를 6개월 이상 남겨둔 2015년 1월 중순의 일이다.

KAIST 휴머노이드로봇 연구센터가 공개한 이 로봇의 공식 이름은 'DRC휴보Ⅱ추후 연구진은 이 이름을 영문으로 쓸 때 'DRC-HUBO+'라고 쓰기도 했다.' 실제로 현장에서 살펴본 신형 휴보는 모든 면에서 2013년에 개발한 'DRC휴보'보다 뛰어난 성능을 자랑했다. 기존의 단점을 대부분 해소한 데다 독특하고 새로운 발명도 곁들여져 있어 누가 보아도 '든직하다'고 말할 만했다. 기존 DRC휴보가 어딘가 불안정하고 휘청거리는 느낌을 줬다면, DRC휴보Ⅱ는 단단한 바윗덩어리를 대하는 느낌마저 들었다.

연구진은 우선 DRC휴보Ⅱ를 개발하면서 체구를 한층 키웠다. 재난 현장에서 작업하려면 어느 정도 몸집이 필요하기 때문이다. 실제로 몸이 가벼우면 강하게 닫히는 문에 부딪혀 로봇이 쓰려져 나가기도 한다. 2004년 이후 휴보의 키는 버전이 바뀌어도 줄곧 125cm였지만 2013년 12월, 미국 마이애미 인근 소도시 홈스테드에서 열렸던 DRC 1차 예선 대회에 출전한 휴보의 키는 머리 부분의 센서 등에 따라 유동적이지만 145cm 정도였다. 10cm 이상 커진 셈이다. 하지만 이번에 우승을 차지한 DRC휴보Ⅱ는 이 로봇을 다시 한번 개조해 168cm, 무게 80kg까지 키웠다일부 언론에서 DRC휴보Ⅱ의 키를 180cm로 소개하고 있지만, 이는 각종 보조 장치를 고려한 것으로 설계상 실제 키는 168cm다.

휴보 개발팀이 이 이상 몸집을 키우지 않은 이유는 균형을 고려한 것이다. 실제로 대회에 출전한 로봇 중 그리 큰 편은 아니다. 대회 표준 로봇인 '아틀라스'의 키는 188cm에 156kg으로 80kg인 휴보보다 약 2배 가까이 크고 무겁다. 카네기멜런대학교의 강력한 우승 후보 타르탄 레스큐의 로봇 '침프'의 키는 150cm 정도지만 무게는 200kg이 넘는다. 그만큼 크고 강력한 모터를 사용해 힘이 세지만, 너무 크기가 커 오히려 행동이 굼뜨다는 지적도 나왔다.

휴보 연구팀은 하체 힘을 더 키우기 위해 큰 노력을 했다. 팀 카이스트의 김인혁 연구원은 "힘이 좋아야 걸을 때 안정성이 있다고 판단해 다리에 '슈퍼 커패시터대용량 축전기'를 부착했다"면서 "전기를 모았다가

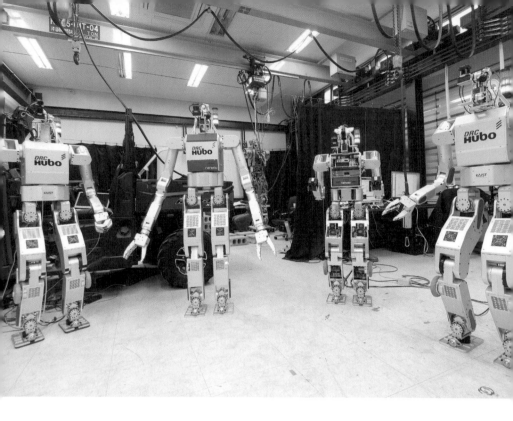

한꺼번에 내보내 강한 힘을 낼 수 있도록 설계했다"고 설명했다. 연구
팀은 또 모터가 과열되는 것을 막기 위해 냉각장치도 대폭 개편했다.
처음 개발할 당시에는 물을 이용한 수랭식 냉각장치를 설치했다가 고
효율 공기냉각장치로 변경한 것이다.

　DRC휴보의 최대 장점인 변신기능 역시 포기하지 않았다. 정강이와
발밑에 바퀴도 달았다. 두 발로 걷다가 무릎을 꿇고 앉으면 자동차처럼
바퀴로 움직일 수 있도록 '변신 기능'을 넣었다. 시각처리 능력이 극도
로 좋아진 것도 이번 모델의 자랑거리다. DRC휴보II 의 머리에는 레이
저 스캐너와 광학카메라를 모두 달아서 흐리거나 햇빛이 강한 날에도
문제없이 앞을 볼 수 있었다. 이는 지난 2013년 DRC 트라이얼 대회 때

의 경험 덕분이다. 당시 마이애미의 강렬한 햇빛 때문에 카메라 시스템이 먹통이 돼 손쉽다고 생각했던 종목에서 0점을 받은 일이 있었다. 또 새로운 시각처리 프로그램을 이식한 결과, 이를 위해 DRC휴보Ⅱ의 가슴에는 두 대의 컴퓨터가 들어갔다. 한 대는 로봇 제어용, 한 대는 시각처리를 담당했다.

'KAIST'의 'DRC휴보Ⅱ' 구동 영상

DRC휴보Ⅱ의 손도 주목해볼 만했다. 11년간 가다듬은 결과, 모양과 실용성을 모두 갖췄다. 2004년에 개발한 구형 휴보는 사람처럼 다섯 손가락이 움직이지만 손가락이 굵고 물건을 잡는 기능은 크게 떨어졌다. 내부에 고무로 만든 체인식 벨트가 들어 있어 강한 힘을 내기 어려웠기 때문이다. 연구팀은 2009년 '휴보2'를 개발하면서 손가락에 와이어를 넣어 사람처럼 가느다란 다섯 손가락으로 물건을 강하게 감싸 쥘 수 있게 만들었다. DRC휴보로 넘어오면서는 손가락을 세 개로 바꾸는 대신 약 15kg의 물건을 감싸 쥘 수 있게 했다. 물건을 쉽게 떨어뜨리지 않도록 손끝에 아주 작은 바늘도 붙였다.

'DRC 휴보Ⅱ'의 모든 것

KAIST에서 만난 DRC휴보Ⅱ는 완전히 새로 태어난 로봇이었다. 연구팀은 설계부터 다시 시작했다. 무엇보다 부족한 힘을 키우는 데 주력했다. ❶물건을 감싸쥘 수 있게 와이어 방식의 손가락을 달고, ❷❸안정적으로 전력을 공급할 수 있도록 내부에 고용량 축전지를 설치했다. 안정성을 높이기 위해 몸체의 외부 프레임도 교체했다. 모터가 돌아가면서 발생하는 열을 식히기 위해 측면에 뚫어둔 공기구멍을 없앴고, 알루미늄 합금도 더 두껍게 만들어 뒤틀림에 잘 견딜 수 있도록 했다. 대신 열을 식히도록 수랭식 쿨러를 달았다. 덕분에 신형 DRC휴보Ⅱ는 한층 더 커지고 무거워졌다. 145cm였던 키는 168cm로 커졌으며 무게도 25kg 늘어 80kg의 육중한 체구를 갖게 됐다.

❹신형 DRC휴보Ⅱ의 가슴속에는 두 대의 고성능 컴퓨터가 들어 있다. 한 대는 기존 휴보처럼 전신의 기능을 제어하지만, 또 다른 한 대는 시각정보를 전문으로 처리한다. 지난 대회에서 시각정보 처리가 불완전하다는 지적이 나왔기 때문이다. ❺로봇 머리에는 카메라와 레이저 스캐너를 설치했다. 실험용으로 제작한 DRC휴보Ⅱ는 모두 4대이며, 제각각 카메라와 레이저 스캐너 개수가 다르다. 최대 카메라 3대, 스캐너 2대까지 장착할 수 있다.

기존 DRC휴보는 급할 때 팔을 등 뒤로 돌리고 드러누워 네 발로 걸어갈 수 있도록 만들었지만 막상 현장에선 큰 도움이 되지 않았다. ❻그래서 이번엔 정강이 아래쪽에 바퀴를 달았다. 필요할 때는 주저앉아 바퀴로 이동하도록 한 것이다. 안정성이 중요한 '잔해 제거', '벽 뚫기' 등의 과제를 해결할 때 이 방법은 효과적이었다.

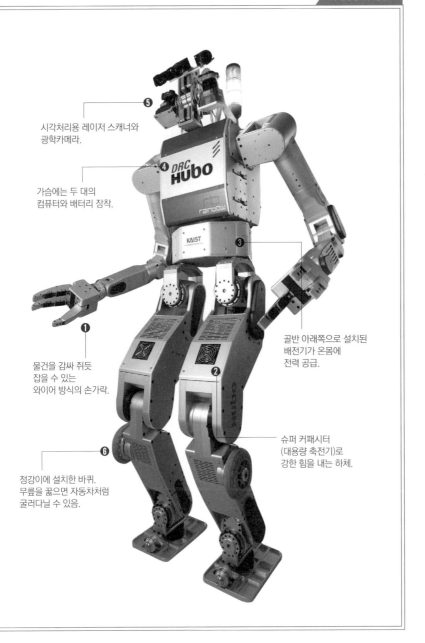

⑤ 시각처리용 레이저 스캐너와
광학카메라.

④ 가슴에는 두 대의
컴퓨터와 배터리 장착.

③

① 물건을 감싸 쥐듯
잡을 수 있는
와이어 방식의 손가락.

골반 아래쪽으로 설치된
배전기가 온몸에
전력 공급.

② 슈퍼 커패시터
(대용량 축전기)로
강한 힘을 내는 하체.

⑥ 정강이에 설치한 바퀴.
무릎을 꿇으면 자동차처럼
굴러다닐 수 있음.

깡통로봇에서 세계 최고의 재난로봇이 되기까지

대중에게 휴보는 '한국 최초의 두 발로 걷는 로봇'으로 알려져 있지만, 엄밀하게 구분하면 이는 사실과 다릅니다. 오 교수팀은 휴보 개발에 앞서 이미 2년 전부터 실험용 로봇 'KHR-1'을 시작으로 꾸준히 로봇을 개발해왔기 때문입니다. 휴보의 원형은 2002년에 개발된, 한 대의 낡은 고철처럼 보이는 로봇이었던 셈이지요. 당시로써는 이 로봇이 세계적인 한국의 자랑거리가 될 줄은 아무도 예상하지 못했습니다.

휴보 연구진은 KHR-1이 개발된 이후 2015년 DRC 우승까지 13년을 한결같이 로봇의 성능을 높여가며 연구를 거듭했습니다. 이 책을 통해 휴보의 발전사에 대한 자세한 이야기를 소개하는 것은 무리가 있습니다만, 휴보가 세계 최고의 재난로봇으로 거듭나면서 휴보의 변화된 모습을 살펴보는 것은 전체적인 기술적 흐름을 이해하는데 보탬이 되리라고 생각됩니다. 여기서는 KAIST 휴머노이드로봇 연구센터가 개발한 바 있는 각각의 로봇에 대한 사진과 성능과 개발 시기와 특징을 소개합니다. 인터넷 등에서 수집한 자료가 아닌, 모두 제가 지난 11년의 세월 동안 휴보 연구실을 드나들며 직접 취재했던 내용에 기반을 두고 있어 어떤 자료보다 수치나 기능, 기술설명 면에서 충실할 것이라고 자신합니다.

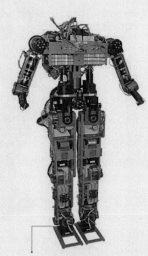

2002년에 개발된 KHR-1.
키 120cm, 무게 48kg.

한국 최초의 인간형 로봇, 즉 두 발로 걸을 수 있는 로봇을 '휴보'로 보는 경우가 많지만, 정확하게 구분한다면 국내에서 처음으로 두 발로 걸은 로봇은 2002년 개발된 로봇 'KHR-1'입니다. KHR은 KAIST에서 개발한 인간형 로봇(KAIST Humanoid Robot)이라는 의미를 가지고 있죠. KHR은 철저하게 실험용으로 개발된 모델이라 케이스가 없고, 머리나 두 팔도 달려 있지 않았습니다. 그저 로봇을 이용해 사람처럼 두 발로 걷는 기능을 구현해봤다는 점에서 가치를 지니고 있다고 볼 수 있죠.

2003년에 선보인 KHR-2. 키 120cm, 무게 56kg.

KHR-1은 전신에 21개의 관절을 갖고 있었으며, 앞뒤로 걷기, 방향전환 등 기본적인 걷기 기능을 모두 가지고 있었습니다. 기본적인 보행기술은 이 당시 이미 완성한 셈이죠. 그 당시 일본의 '아시모' 혹은 그 실험용 로봇들을 제외하면 세계적으로도 두 발로 걷는 로봇을 찾아보기가 어렵던 시절이라 이 로봇만으로도 대단한 반향을 얻었습니다. 일부 외신에선 'KAIST의 머리 없는 로봇(KAIST Headless Robot)이라고 부르기도 했죠.

KHR-1을 이용해 기본적인 걷기 기능을 완성한 KAIST 연구진은 마침내 보행

안정성을 한층 높인 '제대로 된' 인간형 로봇 개발을 시작했습니다. 그리고 1년 사이에 새로운 로봇을 하나 선보이게 되는데, 이 로봇이 'KHR-2'이죠. KHR-2는 사실상 2004년 발표한 휴보(KHR-3)와 거의 같은 성능을 갖고 있었다고 보아도 무리가 없습니다. 당시 KAIST 휴머노이드로봇 연구센터(휴보센터)는 'KAIST MC-LAB'이라는 이름으로 불렸는데, 이는 기계제어(Machine Control) 연구실(LAB)이란 뜻을 가지고 있죠. 오준호 KAIST 기계공학과 교수가 운영하던 소규모 연구실이 휴보가 개발되고 투자가 이뤄지면서 이 랩을 확장해 '센터'로 만든 것입니다. 제가 실제로 휴보센터의 취재를 시작한 것도 휴보 공개 이전, KHR-2부터였습니다. 당시에 KAIST 기계공학동 한쪽 마룻바닥에서 걷고 있던

이 로봇을 보고 정말로 크게 놀랐던 기억이 아직도 생생합니다.

KHR-2는 다섯 개의 손가락이 제각각 움직이고, 방향을 바꿔가며 안정적으로 걷기도 합니다. 기본적인 구조가 거의 같다 보니 이 로봇은 한동안 계속 휴보의 실험용 모델로 쓰이기도 했고, 지금도 케이스가 벗겨진 채 골격을 드러내고 휴보센터 한쪽에 세워져 있는 모습을 볼 수 있죠.

'휴보(KHR-3)'는 2004년 처음 대중에 발표된 로봇입니다.

2004년 공개된 휴보(KHR-3)의 모습.
키 125cm, 무게 65kg.

대중에는 '대한민국의 첫 인간형 로봇'으로 알려져 있죠. KHR-1이나 KHR-2가 개발 중인 실험용 로봇이라면 이 로봇은 개발을 일단락하고 정식으로 공개한 완성품이라고 볼 수 있습니다. 휴보는 기본적인 성능이 KHR-2와 거의 같지만 보행 속도와 안정성을 훨씬 높였습니다. '태권도복을 입은 소년'이라는 콘셉트에 맞춰 새롭게 외형을 디자인하기도 했죠. 2016년 현재를 생각하면 이 휴보 역시 11년 전의 구형 로봇이지만, 아직도 대중은 휴보를 이 모습으로 기억하는 경우가 많습니다.

비록 성능이 KHR-2에 비해 큰 차이가 나지 않는다고 해도 '휴보'라는 이름은 큰 가치가 있습니다. 이 이름이 정해지면서 일본의 아시모처럼 하나의 브랜드로서 계속해서 발전해가고 있기 때문이죠. 휴보의 개발로 인해 드디어 우리나라에도 인간형 로봇 연구를 위한 '플랫폼'이 생겨났다고 볼 수 있습니다.

'알베르트 휴보'는 기본적인 성능이 휴보1과 동일합니다. 몸체를 완전히 같은 것을 이용하기 때문이죠. 하지만 미국 할리우드 영화 촬영 당시 주로 사용하는 '메커트로닉스' 인조 얼굴 기술을 이용해 세계적인 과학자 '알베르

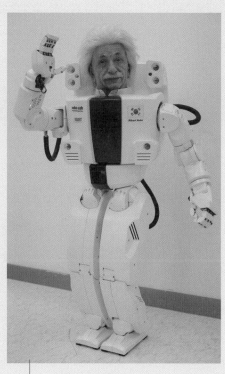

2005년 공개된 알베르트 휴보.
키 137cm, 무게 70kg.

트 아인슈타인'의 얼굴을 만들어 붙인 점이 다릅니다. 이 얼굴은 발포 스펀지로 만들었으며, 내부에 31개의 소형 모터와 와이어가 들어 있어 다양한 표정을 지을 수 있죠.

알베르트 휴보는 휴보의 몸체에 다른 기계기술을 이용해 만든 얼굴을 붙여볼 수 있는지를 위한 실험용 모델로 볼 수 있습니다. 수많은 유명인 중 군이 알베르트 아인슈타인의 얼굴을 선택한 이유에 대해 연구진은 "설문조사 결과, 세대와 관계없이 대중에 가장 잘 알려진 얼굴이기 때문"이라고 밝혔죠. 이 로봇을 개발할 당시 아인슈타인의 얼굴 사진 수십장을 인터넷 등에서 구한 다음, 이를 바탕으로 정밀하게 얼굴 모습을 재현해냈습니다.

'휴보 FX-1'은 휴보1의 다리 부분을 크게 만든 대형 로봇입니다. 사람이 위에 올라탈 수 있는 '탑승형 로봇'이죠. 영화 〈아바타〉에서 병사들이 탑승해서 조종하던 로봇과 비슷하다고 볼 수 있습니다. 알베르트 휴보와 동시에 개발된 모델로 2016년 말까지만 해도 일본 토요타에서 개발한 '아이풋(i-foot)'과 더불어 사람이 탑승할 수 있는 2족 보행 로봇은 세계에서 단 두 대뿐이었죠. 그러다 이 책이 출간되기 직전인 2016년 12월에 우리나라 로봇 기업 '한국미래기술'에서 사람이 탈 수 있는 키 4m의 거대 2족 보행 로봇 '메소드-2'를 공개해 세계적으로 큰

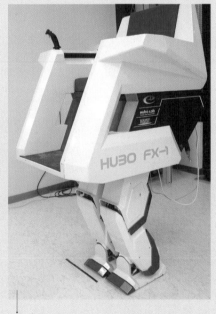

2005년에 공개된 휴보 FX-1. 키 2m, 무게 150kg.

화제가 되었습니다. 이 로봇까지 합하면 사람을 태우고 걸을 수 있는 로봇은 전 세계에 3대가 되겠죠. 하지만 메소드-2의 보행기술 역시 휴보 FX-1의 기술이 발전된 것으로 봐도 무방합니다. KAIST 휴머노이드로봇 연구센터에서 휴보 FX-1을 직접 개발했던 김정엽 서울과학기술대학교 교수가 메소드-2의 개발에 참여하고 있기 때문입니다.

세계에서 3번째로 개발된 탑승형 2족 보행 로봇 메소드-2에 필자가 탑승해 있다. '한국미래기술'이 개발한 로봇으로 휴보 FX-1 연구진이 개발에 참여하고 있다.

휴보 FX-1은 기존 휴보의 기본적인 보행알고리즘을 이용해 안정적으로 방향을 바꿔가며 걸을 수 있게 만들었습니다. 최대 탑승 중량은 100kg 정도. 저 역시 이 로봇에 직접 탑승한 적이 있는데, 꼭 말을 타고 있는 듯한 기분이 듭니다. 위에 앉아 앞뒤로 흔들어 보아도 넘어지지 않고 든든하게 받쳐주죠. 휴보 FX-1과 알베르트 휴보는 2005년 당시 전 세계 대통령, 수상이 한자리에 모이는 행사인 'APEC 정상회의' 전시회에 소개돼 세계 각국 정상들로부터 큰 인기를 얻기도 했습니다.

휴보1을 개발하고 다양한 변형 로봇 역시 척척 개발할 수 있게 되면서, 휴보 연구진은 다시금 '기본기'를 가다듬는 데 주력했습니다. 기존 휴보의 운동능력

2009년에 개발된 휴보2(KHR-4). 키 125cm, 무게 45kg.

을 큰 폭으로 늘리겠다는 것이었죠. 결국 KAIST 휴머노이드로봇 연구센터 연구진은 기술로봇의 설계를 처음부터 다시 하게 됩니다. 일단 몸체가 완성된 다음엔 담당 개발자를 두 사람으로 나누어, 한 사람에겐 두 발 로봇기술의 꽃으로 불리는 '달리기' 기술을, 또 다른 한 사람에겐 전체적인 안전성과 운동능력을 높이라는 과제를 부여한 것이죠.

이 '양동작전'은 크게 성공을 거둡니다. 이렇게 탄생한 '휴보2'는 혼다의 아시모, 도요타의 '파트너'에 이어 세계에서 두 발로 달리기에 성공한 세 번째 로봇이 되죠. 그런 한편으로는 안정성과 기본적인 성능도 동시에 높일 수 있었습니다. 당시 제가 휴보2의 달리기 성공 소식을 처음으로 취재하고 소개해 여러 언론사에서 뒤따라 취재를 했던 기억이 납니다.

휴보2는 현재 미국의 여러 대학, 구글 등 기업, 싱가포르 등 수많은 나라로 팔려나가고 있죠. 대당 가격은 50만 달러 수준으로 로봇제어기술을 연구하기 위한 플랫폼 구실을 톡톡히 하고 있습니다. 이렇게 휴보2의 몸체를 통해 전신제어기술을 완성하면서 결국 'DRC휴보 시리즈'의 개발로 이어질 수 있었습니다.

'DRC휴보'는 2013년에 열린 DRC 트라이얼(Trial) 대회 참가를 목적으로 개발한 모델입니다. 2족-4족 보행 변신 기능을 갖고

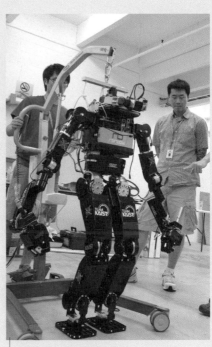

2013년에 만들어진 DRC휴보(DRC-Hubo).
키 145cm, 무게 60kg.

있으며, 통합소프트웨어 운영기술인 '포도'를 처음으로 도입한 모델이기도 하죠. 자세한 사항은 본문을 참조하시기 바랍니다.

'휴보 T-100'은 총탄이 빗발치는 전쟁터에서 다친 동료 병사를 사람 대신 구조해주는 전쟁용 도우미 로봇입니다. 사실 이 로봇은 국방과학연구소(ADD)가 휴보센터에 의뢰한 로봇의 본격적인 개발에 앞서 만든 실험용 로봇이죠. KHR-1과 같은 프로토타입이라는 의미입니다. 완성형 로봇은 아직 개발이 완료되지 않았지만 실제로 사람을 구조하고 이동하는 데 필요한 모든 기능을 실용화 수준으로 갖추고 있습니다. 시간당 6km를 이동하고, 스키장의 최상급자 경사도에 해당하는 30도 경사를 돌파할 수 있죠.

현재는 두 팔로 60kg 정도의 짐을 안아 올릴 수 있어서 체중이 가벼운 사람은 문제없지만, 완전 군장한 군인을 안아 올리기엔 현실적으로 무리여서 ADD를 포함한 공동연구진은 앞으로 추가 연구를 진행해 120kg이 넘는 무게를 안아

2015년에 개발하기 시작한 휴보 T-100. 키 120~170cm(가변적), 무게 110kg.

올릴 수 있는 고성능 구조 로 봇 개발에 착수할 계획입니다. 사실 이 로봇의 상반신 부분은 2013년 개발한 DRC휴보와 거의 똑같습니다. 하지만 하체는 다리를 포기하고 2단으로 접히는 캐터필러를 단 것이 다르죠. 마지막으로 'DRC휴보Ⅱ'는 2015년에 열린 DRC 파이널 (Final) 대회에 참가할 목적으로 개발한 모델입니다. 무릎을 꿇고 앉으면 정강이 부분에 설치된 바퀴를 이용해 자동차처럼 굴러서 이동할 수 있고, 허벅지 속에 강한 힘을 얻을 수 있도록 전압을 모았다가 한꺼번에 내 보내는 고용량 축전기도 설치

2015년에 개발한 DRC휴보2(DRC-Hubo+). 키 168cm, 무게 80kg.

해 안정감을 한층 높였습니다. 더 자세한 사항은 본문을 참조하시기 바랍니다.

TASK 6

대한민국 로봇 '휴보' 세계를 제패하다!

'인간형+특기' 있어야 고성능 재난로봇

도대체 일본 연구진에 무슨 일이?

"재난로봇은 이제 시작… 상금 전액 연구비 쓰겠다"

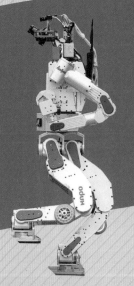

■ 촛 기자의 〈로봇 이야기〉 ⑥ 전쟁로봇을 바라보는 다양한 시각

'터미네이터' 로봇이 정말 현실에 등장할까?

유엔(UN)도 전쟁로봇 활용성·위험성 비교 검토

로봇기술의 발전과 전쟁용 로봇의 발전

전쟁용 로봇도 주체는 결국 '사람'

눈물 속에
영광을 안다

눈물이 왈칵 쏟아져 나왔다. 매사 한 발짝 떨어져 담담하게 취재를 해야 할 기자 입장에선 이런 감정이입이 분명 바람직한 것은 아니었다. 옆자리에 앉아 있던 타 언론사 기자들이 볼까 싶어 기지개를 켜는 척 하면서 슬그머니 눈가를 문질러 닦았다. 그래도 눈물이 계속 줄줄 흘러 내렸다. 그대로 앉아 있으면 안 될 것 같았다. 응원석 맨 앞으로 걸어 나갔다. 팔을 휘두르고 손뼉을 치며 소리를 지르기 시작했다.

　"이야~, 나이스~! 잘한다~."

　그리고 입속으로는 이렇게 되뇌었다.

　'고맙다! 정말로 고맙다. 장하다!'

KAIST 연구진이 개발한 로봇 'DRC휴보II'가 마침내 3년간의 일정을 모두 소화하고 DRC 파이널Final 대회에서 우승을 거머쥐었다. 2004년 첫 모델이 개발된 한국 최초의 인간형 로봇 휴보가 11년간의 성능 향상을 거쳐 세계 최고의 재난대응로봇으로 거듭난 것이다.

이 우승 장면을 보고 눈물이 쏟아져 나온 것은, 심지어 '고맙다'고까지 표현한 것은 당연히 국민의 한 사람으로서 휴보의 우승이 기뻤기 때문이다. 하지만 그보다 더 큰 이유는 11년간 휴보를 취재해 왔던 나 자신에 대한 애환 때문이기도 하다.

휴보를 오랫동안 취재하면서 가장 아쉬웠던 점은 취재비 부족도, 몸이 힘들어 버거운 것도 아니었다. 주위의 냉랭한 시선과 무관심이 가장 견디기 어려웠다. '쓸모없는 것을 뭐하러 취재하느냐', '취재할 아이템이 그것 하나밖에 없느냐'면서 수없이 구박을 받곤 했다. 우리나라 사람은 누군가 뭘 열심히 하면 응원을 하기보다 비아냥거림과 지적을 좋아하는 경우가 많다. 로봇 분야에 큰 관심을 쏟고 또 취재하는 게 그들에게 그렇게 고깝게 보일 일인가 싶다. '로봇에 미친 놈'이라는 소리도 뒤를 돌아 여러 번 들려왔다.

"그거 장난감 아냐?"
"너는 로봇 취재만 할 거야?"
"할 일이 그렇게 없어?"

몇 사람은 그저 지나가는 핀잔처럼 이런 이야기를 하기도 했다. 사

실 별것 아니라고 넘기면 그뿐일 수도 있는 일이지만, 나는 이런 이야기를 들을 때마다 기분이 크게 상하곤 했다. 본인들이 로봇기술의 중요성이나 휴보 연구진이 노력하고 있는 것의 가치, 그 의미를 10분의 1이나 이해하고 저런 말을 쉽게 내어 뱉는 것인지 부아가 치밀었기 때문이다. 그래도 별수 없어 욕을 하는 앞에서 생글생글 웃어 주었다. 힘내라고 어깨를 두드려 주는 사람들도 있었다. 그들에겐 더 열심히 취재를 해 남들이 쓰지 않는 기사를 더 많이 써 주는 것이 보답이라고 생각했다. 적어도 나는 휴보 팀이 가진 잠재력을 알고 있었고, 로봇이 펼쳐나갈 미래를 굳게 믿고 있었기 때문이다.

그나마 과학전문 언론사인 「동아사이언스」에 몸을 담으면서 심도 깊은 기사를 쓰게 됐던 것이 얼마나 다행인지 모른다. 그렇게 서럽기까지

할 만큼 열심히 긁어모은 기사와 자료로 휴보 10년의 일대기를 정리해 책으로 펴내기도 했다. '내 생각이 옳았구나. 내가 믿고 취재하던 우리 연구팀이 마침내 우승까지 했구나. 지금까지 내가 써왔던 수많은 기사들은 모두 다 큰 가치가 있었던 것들이구나!' 싶어졌다. 휴보가 아직 로봇에게는 불가능하다는 미션 8개를 모조리 해결해내고, 꿈틀대며 움직여 자동차에서 걸어 내리고, 공장 밸브를 비틀어 잠그는 모습을 보고 있으면서, 내가 현실에서 할 수 있는 건 그저 그간의 서러움과 고생을 되새기며 뚝뚝 우는 것이었다.

우승 장면에 가슴 벅차오른 사람이 어디 나 한 사람만일까. 나의 감동이 그간의 서러움에서 묻어나온 환희였다면 아마도 휴보를 직접 만들고 정비하던 연구진의 감정은 벅찬 환희와 감동, 그간의 노력에 대한 회한일 것이다. 로봇 휴보와 함께 동고동락했던 그들의 노고는 주변에서 지켜보던 나와는 격이 달랐을 것이 분명하다. 우승 당시 휴보랩 박사과정 2년 차 학생이던 정효빈 학생은 경기장 바로 옆에서 휴보의 우승 모습을 살펴보다 벅차오르는 감동을 참지 못하고 감동의 눈물을 흘렸다. 이 모습은 우리나라 방송 촬영팀의 카메라에 잡혀 전국에 방영됐다. 그 모습을 보며 '깊은 감동을 받았다', '우리나라 휴보 연구진 정말 대단하다', '나도 로봇공학을 전공하고 싶다'는 반응이 한동안 인터넷을 뜨겁게 달궜던 것으로 기억한다.

STORY 1

대한민국 로봇 '휴보'
세계를 제패하다!

　　DRC 파이널 2015 대회는 6월 5~6일현지시간 이틀 동안 미국 캘리포
니아 주, 로스앤젤레스LA 인근 소도시 포모나에 자리한 복합경기시설
'페어플렉스'에서 열렸다.

　　대회에 참가한 팀은 2013년 열렸던 트라이얼 대회보다 한결 더 쟁쟁
해져 있었다. 우리나라 휴보 팀이 산업통상자원부 지원을 받고 다시 출
전 기회를 얻어낸 것처럼 일본에서도 도쿄대학교, 일본산업기술연구소
AIST 등의 쟁쟁한 팀들이 출전을 결정했다. 우승 상금은 200만 달러지
만 2위에게도 100만 달러가 주어졌고, 3위는 50만 달러를 받았다.

　　휴보는 6일 최종 결선 경기에서 8단계 수행임무8점 만점를 44분 28초
만에 완수해 1위를 거머쥐었다. 2위와 3위 팀 역시 만점을 받았지만 시
간에서 승부가 갈렸다. 2위 팀은 IHMC 로보틱스. 2013년 트라이얼 대
회 때도 2위를 거머쥐었던 기술력 있는 팀이다. IHMC 팀이 아틀라스

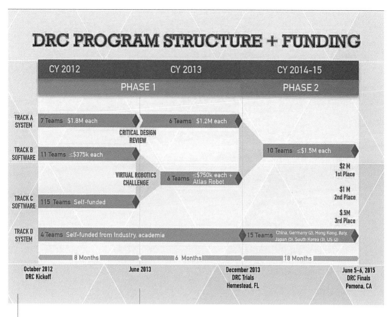

DARPA 로보틱스 챌린지 전체 진행 일정 및 연구비 현황을 나타낸 도표. 출처: DARPA

를 기반으로 가다듬은 로봇 '런닝맨'은 휴보보다 6분가량 뒤진 50분 26초 만에 임무를 마쳤고, 미국 카네기멜런대학교 연합팀 '타르탄 레스큐 TARTAN RESCUE'가 들고나온 로봇 '침프CHIMP'는 55분 15초로 3위를 차지했다. 휴보와 10분 이상 차이가 벌어진 셈이다.

　놀라운 사실은 2013년 트라이얼 대회 때 1위를 했던 팀 '샤프트'가 출전을 포기했다는 것이다. 샤프트 엔터프라이즈의 실력을 높게 산 세계적인 기업 '구글'에서 이 회사를 인수하면서 아예 출전 의사를 포기했다. DRC는 이 때문에 1위 앞으로 돌아갈 연구비를 절반으로 나누고, 8위까지만 지급하기로 되어 있던 100만 달러의 연구비를 절반으로 나눠 9위와 10위를 차지한 '팀 토르'와 '팀 비거'에게 각각 50만 달러씩을

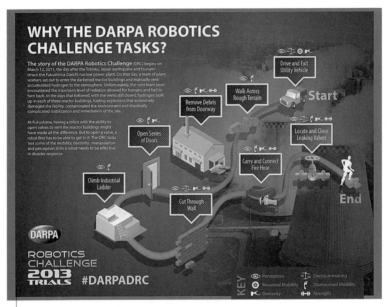

2013년 열렸던 DRC Trial 대회 진행 순서를 나타낸 그래픽. 출처: DARPA

지급했다.

파이널 대회의 진행 순서는 2013년 트라이얼 대회 때 주어졌던 미션을 하나로 쭉 연결해둔 것이었다. 임무Task는 모두 8개. 주최 측은 이 대회를 수행하기 위해 가상의 원전사고 현장을 건설했다. 같은 경기장 4개를 만들어 4대의 로봇이 동시에 시합을 치르는 식이다. 참가팀이 24개니 하루 6번 시합을 하면 모든 팀이 대회에 참가할 수 있다.

임무는 먼저 경기장에서 수백 미터 정도 먼 거리에서 로봇을 차량에 태워 출발시키는 것에서부터 시작한다. 그다음 이 로봇은 스스로 △운전drive을 해서 사고 현장까지 들어가 정차를 해야 하고, 그 다음엔 사람의 도움 없이 스스로 내리는 △하차 과제egress를 수행해야 한다. 말

2015년 열렸던 DRC Final 대회 진행 순서를 나타낸 도표. 출처: 동아사이언스

은 쉽지만 이 대회가 열리기 전까지 차에서 혼자 내릴 수 있는 로봇은 존재하지 않았다.

그다음으로 △문 열기door 과제를 수행해 가상의 오염된 실내로 들어간 다음, 냉각수를 조절하기 위해 △밸브valve를 잠가야 한다. 그 다음 주위에 놓아둔 전동공구를 들어 △벽wall에 구멍을 내고, 대회 당일 아침에 주어지는 △깜짝 과제surprise를 수행해야 한다. 최종 리허설 날엔 '레버 당기기', 첫 번째 날엔 '벽 스위치 누르기', 두 번째 날엔 '전선 연결하기' 과제가 설치됐다. 그 후 △잔해물debris or terrain을 돌파한 다음 건물을 빠져 나와야 하고, 마지막으로 4칸의 △계단stairs을 성큼성큼 걸어 올라가야 과제가 종료된다. 과제 하나를 완수할 때마다 1점씩 총 8점을 받는 방식. 8점을 모두 받아내면 만점이 된다. 점수가 같은 팀은 모든 임무를 1초라도 더 빨리 수행한 팀이 승리한다. 만약 중간에 사람이 개입했다면 1번 개입할 때마다 10분씩 시간을 깎아 나간다. 즉 사람이 로봇에 손을 댄다면 제한 시간 60분 중 10분을 써 버린 것으로 간주하는 것이다.

개별과제의 난이도만 놓고 보면 사실 2013년 12월에 열린 트라이얼 대회보다 한결 낮아진 것으로도 볼 수 있다. 트라이얼 대회 때는 문도 3종류를 열어야 했고, 소방호스를 끌고 걸어가야 하는 등 로봇에게는 버거운 동작이 많았다. 자신의 특기를 따라 로봇이 진행할 길을 선택할 수도 없었다. 최고의 난제로 꼽히는 사다리 오르기 종목도 사라졌고 대신 네 칸짜리 계단을 남겨뒀다.

반대로 어려워진 점도 있었는데, 우선 여러 과제를 순서대로 한 가지씩 수행해 점수를 받는 방식으로 바뀌었다. 또 로봇이 쓰러질 경우에 대비해 안전줄을 설치할 수도 없었고, 100% 내장 배터리를 사용해야 했다. 더구나 로봇이 모든 진행 과정을 처음부터 끝까지 차례대로 해결해야 하므로 앞부분 과제에 약점이 있는 팀은 후반부 과제를 자신 있게 수행할 수 있다고 해도 도전해 볼 기회조차 가질 수 없었다.

휴보는 대회 첫날인 5일, 8개 임무 중 한 개에 실패해 6위에 머물렀다. 하지만 마지막 6일 시합에서 만점을 받으며 단숨에 1위로 점프해 역전 신화를 이뤘다. 첫날의 부진은 사소한 사고 때문이었다. 이 대회에서 '벽 뚫기' 과제를 수행하려면 로봇이 전동 드릴을 손으로 들어 벽에 구멍을 내야 했는데, 드릴의 톱날이 벽 모서리에 걸려 부러져 나가는 불운을 겪었다. 그래도 대회 하루 선인 4일 리

DRC 휴보 II 의
UHC 파이널 대회
우승 하이라이트

허설에서 38분 만에 전 종목을 완주하는 등 휴보는 대회 기간 내내 대체로 안정적이고 뛰어난 실력을 자랑했다.

이 시합을 계기로 세계 각국의 로봇 연구팀들이 한국 연구진을 보는 눈빛은 즉각적으로 변했다. IHMC 로보틱스의 한 연구원은 직접 휴보 팀을 찾아와 "우리 로봇은 너무 크고 무겁기만 한데 휴보는 크기도 적당하고 강력해서 좋다"면서 휴보와 기념사진을 찍고 갔다. 일본이나 미국 전문가들도 "이젠 한국도 강력한 경쟁상대"라는 말을 공공연하게 하고 다녔다.

'인간형+특기' 있어야
고성능 재난로봇

DRC 대회가 처음 시작될 때는 'DARPA가 제정신이 아니다'라는 반응까지 있었다. 하지만 불과 3년 사이, 비록 제한적인 조건이지만 로봇이 사람 대신 일을 해내는 데 성공했다. 이 대회를 '인간형 로봇기술의 혁신을 일으킬 계기'로 평가하는 이유다.

로봇공학자들 사이에서는 재난 또는 구조용 로봇은 '인간형'이 될 거라는 예측이 많다. 우리 주변의 공간은 사람이 활동하기 편하게 만들어져 있다. 계단이나 사다리를 오르내리고, 문고리를 손으로 돌려 열고, 자동차나 비행기를 타고 이동하고, 의자에 앉아 생활한다. 이런 장소에서 로봇이 활약하려면 사람처럼 두 발로 걷고, 두 손으로 일해야만 가능하다. DRC가 로봇의 형태에 규제를 두지 않았지만, 대부분의 팀이 인간형 로봇을 들고 나온 것도 바로 이 때문이다. 하지만 이번 대회를 거치며 인간형 구조의 단점도 드러났다. 다양한 임무를 수행하는 데 가장 적합한 구조지만, 철저한 제어기술이 없으면 오히려 불리해지는 '양날의 칼'로 작용하기 때문이다.

그래서 대회에서 막상 상위권에 속한 로봇을 보면 순수한 인간형은 오히려 찾기 어렵다. 2위인 IHMC 로보틱스만이 예외적으로 높은 성적을 올렸지만 로봇들은 대부분 자기만의 색깔이 있었다. 3위인 타르탄 레스큐의 로봇 '침프'는 두 팔을 달고 있지만 팔다리에 무한궤도캐터필러를 달아 탱크처럼 굴러서 이동한다. 넘어질 우려가 적고 튼튼하지만 굼뜨고 무거운 것이 단점이었다. 트라이얼 대회 때는 계단 등을 오르내릴 수 없을 것으로 보였지만, 관련 연구진의 노력으로 약점을 극복했다. 4위인 '팀 님브로 레스큐'는 보행을 포기하고 다각도로 구부러지는 네 개의 바퀴를 달았다. 모든 임무를 빠른 시간 안에 완수했지만 마지막 미션인 계단 오르기의 장벽에 막혀 7점에 그쳤다. 이 사실은 DRC의 맹점이기도 했다. 전체 24개 팀 중 4위라면 대단한 성능이지만, 1~2점만 포기하면 다른 과제를 해결하기 훨씬 쉬워지기 때문이다. 5위를 차지한 '팀 로보시미안'은 NASA 산하 제트추진연구소JPL에서 개발한 로봇으로, 팔다리가 따로 없이 네 개의 전동식 다관절 로봇팔을 붙인 구조다. 임무 수행속도가 느린 점이 단점으로 지목됐지만, 어떤 환경에도 적응할 수 있는 독특한 구조는 큰 장점이었다. 오준호 교수는 "이런 로봇들은 모두 휴보에 비해 훨씬 많은 연구비를 투입해 개발한 로봇으로, 용도에 따라 큰 잠재력이 있다"고 평가했다.

그렇다면 1위를 차지한 휴보 연구팀은 어땠을까. 휴보 팀이 새롭게

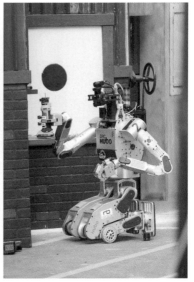

DRC Final 대회에서 미션을 수행하고 있는 DRC휴보II의 모습. 전선을 연결하고 있는 모습(왼쪽)과 벽을 뚫기 위해 전동드릴을 집어들고 있는 모습(오른쪽)이다. 출처: KAIST

개발해 온 DRC휴보II는 2013년에 개발했던 초기형 모델보다 모든 것이 월등하게 좋아져 있었다. 힘과 체구, 안정성과 운동능력 등 모든 면이 확연하게 달랐다. 무엇보다 휴보의 가장 큰 특기는 새롭게 개발한 '변신 기능Transform'이었다. 사실 이런 변신 기능은 2013년 개발한 초기형 DRC휴보도 가지고 있는 기능이었다. 하지만 당시엔 2족 보행 로봇에서 4족 보행 로봇으로 변신한 것으로, 4족 보행 기능의 효율이 크게 떨어져 사실상 대회에서는 쓰이지 못했다. 연구진은 '그럴 바엔 험지를 두 발로 걷고, 평지에선 아예 자동차처럼 바퀴로 굴러가자'는 아이디어를 내놨다. 휴보는 작업성을 높이기 위해 팔 길이를 조금 길게 만들었지만 기본 골격은 완벽한 인간형 로봇이다. 그러면서 무릎을 꿇고 앉으면 정강이와 발끝에 붙은 네 개의 바퀴로 굴러서 이동할 수 있다. 손으로 작업해야 할 때는 서서 두 발로 걷고, 먼 거리는 바퀴로 안정적으로 이동할 수 있는 것이다.

휴보의 이 같은 만능성은 대회 도중 적잖은 강점으로 작용했다. 다른 팀이 걷기나 바퀴, 무한궤도 중 한 가지만 선택한 것과 달리 휴보는 어떤 환경에도 적응할 수 있었다. 바퀴로 이동할 때는 전진과 후진이 모두 가능하고, 양 바퀴를 교차로 회전시켜 제자리에서 재빨리 회전할 수도 있다. 또 언제든 상체를 180도 돌려 앞뒤를 바꿀 수 있었다. 큰 힘이 필요한 계단 오르기, 험지 보행 등에는 무릎 관절을 소나 말처럼 뒤로 꺾는 구조를 선택해 안정적으로 걷고, 두 손을 쓸 때는 사람처럼 앞으로 꺾는다. 한 미국 대학 연구팀원은 "휴보랑 똑같은 로봇을 주면 우리도 두 달 안에 만점을 받을 자신이 있다"면서 "재난구조 환경에서 이만큼 좋은 구조는 없을 것"이라고 말하기도 했다.

로봇의 성능에 만족하지 않고 부단한 노력을 거듭한 것도 휴보 연구진을 승리로 이끈 원동력이었다. 휴보 연구팀은 새로 개발한 로봇의 성능을 실험하고 적합한 DRC 전략을 짜기 위해 한국에서부터 모든 미션을 100차례 이상 연습했다. 이것도 부족해 현지에서 환경이 달라질 것에 대비해 3주 이상 전지훈련을 거쳤다. 시합 현장에서도 최소한 오차를 줄이기 위해 다양한 미션을 수시로 시행했다. 연습장과 달라진 환경에 맞춰 적응이 필요하기 때문이다.

시스템 안정성 역시 우승에 큰 역할을 했다. 실제로 로봇이 연습 때는 미션을 잘 수행하다가 막상 현장에선 고장으로 수행하지 못하는 일

DRC Final 대회 현장. 연습용 개러지 한 켠에서 계단오르기 과제를 연습하고 있는 연구진의 모습. 출처: KAIST

이 빈번하다. KAIST 휴머노이드로봇 연구센터 창업 벤처기업인 '레인보우'의 김인혁 기술이사는 "특수기능을 개발하는 것만큼이나 로봇의 안정성을 끌어올리는데 많은 노력을 기울였다"며 "로봇 제어에 필요한 별도의 운영환경까지 자체 개발했기 때문에 안정성 면에선 최고 수준"이라고 자랑했다. 다른 팀에선 로봇 오작동으로 페널티를 감수하고 시합장 안으로 사람이 투입되는 일이 속출했지만, 휴보 팀은 대회 첫째 날 톱날이 부러졌던 사고를 제외하면, 대회 기간 내내 한 번도 직접 개입하지 않고 임무를 완수시켰다.

STORY 3

도대체 일본 연구진에 무슨 일이?

　DRC 파이널 대회에서 가장 이해하기 어려웠던 것은 일본 출전팀의 부진이다. 앞서 말했듯이 일본의 출전은 정부부처의 지원에 따라 이뤄졌다. DRC 같은 대회에 값비싼 로봇을 제작해 참가하려면 적잖은 비용이 들어간다. 우리나라 KAIST와 서울대학교, 로보티즈가 출전한 것처럼 일본도 신에너지산업기술종합개발기구NEDO에서 로봇 개발비와 참가비를 투자하면서 트랙 D 형태로 출전한 것이다.

　일본에서 DRC 파이널에 참가한 팀은 모두 5팀. 복잡하게 섞여 있긴 하지만 대부분 일본 산업기술연구소AIST, 일본 도쿄대학교 연구진이 주축이었다. 더구나 시드 솔루션즈Seed Solutions란 민간 연구기관 1개 팀을 제외하면 남은 4개 팀은 모두 일사불란하게 한 팀처럼 움직였다. 일본 최고의 로봇 연구진과 일본 최고 대학교 연구진이 힘을 합치니 대회가 시작되기 전에는 대단한 위협처럼 비쳤다. 하지만 막상 뚜껑을 열어보니 0점을 받는 팀이 있는가 하면, 경기장까지 가지고 온 로봇이 기본적인 구동조차 되지 않아 출전을 포기하는 팀까지 발생해 주변을 실망스럽게 했다. '로봇기술의 일본'이 왜 이렇게 부진했는가에 대해서는 여전히 의구심이 남아 있다.

일본 로봇 중에 주목할 만한 모델은 'HRP-2'였다. 이 로봇은 DRC 트라이얼 대회에서 우승했던 로봇 '에스원S-1'의 원형이다. 기본 성능 면에서 나무랄 것이 없는 로봇인 셈이다. 일본 연구진은 두 팀이 이 HRP-2를 들고 나왔는데, '팀 AIST-NEDO'가 10위에 겨우 올라 체면 유지를 했다. 이밖에 같은 HRP-2를 들고나온 '팀 HRP2-TO-KYO'가 14위를 차지했다. 세계 정상급 인간형 로봇으로 꼽히는 HRP-2를 AIST와 도쿄대학교가 한 대씩 들고 나왔지만, 두 팀 모두 상위권에 들지 못한 것이다.

또 다른 로봇은 '잭슨JAXON.' 이 역시 HRP-2를 기본으로 한층 성능을 더 높인 모델이다. 188cm에 달하는 커다란 로봇으로 수랭식 냉각장치를 갖추고 있는 등 기본 구조면

일본산업기술연구소(AIST)가 개발한 로봇 HRP-2의 모습.

잭슨의 모습. HRP-2를 기반으로 성능을 한층 높여 만든 것이다. 그러나 아직 미완성인 듯, 대회 내내 불안정한 모습을 자주 보였다.

에서 에스원과 닮은 점이 매우 많았다. 일부에선 이 로봇을 에스원의 후속모델로도 분류한다. 만화영화 '에반게리온'에 등장하는 로봇의 색깔을 빌려 분홍색과 푸른색으로 칠해 모두 두 대를 가지고 나타나는 등 나름대로 쇼맨십도 내비쳤다. 하지만 이 로봇을 들고나온 '팀 NEDO-JSK'의 전체 순위는 11위에 그쳤다.

'팀 아에로'의 로봇 '아에로'는 0점을 받았다. 로봇을 조종해 재차 자동차 운전을 할 수 있는 기술이 되지 않기 때문에 로봇 발밑에 붙은 작은 바퀴를 이용해 흙바닥을 헤치고 굴러들어가서 경기장 진입을 시도하려고 했지만, 바퀴가 흙 속에 파묻히면서 쓰러지는 수모를 겪었다. '팀 네도 하이드라'는 180cm의 키에 110kg의 거구 로봇 '하이드라'를 들고 나왔다. 마치 괴물처럼 보이는 위압적인 모습과 커다란 체구로 미국과 우리나라 참가 팀들을 위협했지만, 막상 대회 하루 전날 출전 자체를 포기했다.

일본팀의 부진에 대해서는 여러 가지 설이 있다. 여러 팀으로 힘이 분산돼 제대로 실력을 발휘하질 못했다거나 한국과 미국

'팀 아에로'의 로봇 아에로. 네 개의 다리 밑에 바퀴를 달고 굴러서 이동한다.

거구의 로봇 하이드라. 괴물처럼 기괴한 형상을 하고 있다. 실제로는 구동이 되지 않아 대회 하루 전 출전을 포기했다.

은 DRC 예선을 거치며 충분한 준비를 했는데 일본은 그렇지 못했다는 식의 다소 자기 위안이 섞인 분석도 현지 언론으로부터 흘러나왔다. 하지만 이런 이야기를 그대로 받아들이기는 쉽지 않다. 2013년 트라이얼 대회 때 일본 기술진이 보여준 실력을 고려하면 준비 기간의 길고 짧음이나 사전 경험 정도의 문제는 상쇄하고도 남는다. 사실 그 당시 에스원S-1 기술진이 그때 그 실력 그대로 결승전에 출전했다고 해도, 휴보와 비교해 어느 쪽이 우승할지 나로서도 감을 잡기 어렵다.

또 전력이 분산됐다는 말도 믿기 어렵다. 막상 대회 현장에선 4개의 일본팀이 마치 한 팀이나 된 듯 서로 다른 팀에 가서 함께 작업하곤 했다. 더구나 우리나라는 한국생산기술연구원이나 한국과학기술연구원 KIST 등 국책연구기관의 참가가 전혀 없었고, KAIST 휴머노이드로봇 연구센터와 민간기업 '로보티즈' 연구진만 제한적으로 출전한 상태였다.

개인적인 의견으로는 상황을 고려할 때 '인력유출설'이 가장 유력해 보인다. 아시모를 개발하던 혼다 기술진을 제외하면 가장 뛰어난 로봇 기술을 가진 핵심인력들이 에스원을 개발하던 샤프트 엔터프라이즈로 이직해버렸고, 그 회사가 구글로 팔리면서 이제 일본엔 기술력이 뛰어난 로봇 과학자가 얼마 남지 않았다는 분석이다.

한국이 우승한 와중에 일본팀은 수위권에도 들지 못했다는 소식이 알려지면서 일본 네티즌 사이에선 자성의 목소리가 끊이질 않았다. 일본의 네티즌들은 "도쿄대학교와 AIST가 출전한 것을 보면 최강의 연구진이 다 몰려간 셈"이라며 "이 성적이라면 로봇 강국 일본의 자존심도 이미 크게 손상을 입은 것"이라고까지 했다.

"재난로봇은 이제 시작…
상금 전액 연구비에 쓰겠다"

'휴보 아빠' 오준호 교수는 DRC 파이널 대회 우승에 대해 "기술적인 진보를 한층 더 크게 이룰 계기를 마련한 것"이라고 말했다. 지금의 로봇기술은 실제 재난구조 상황에 투입될 만큼 완성됐다고 보긴 어렵기 때문이다. 오 교수는 "미국이나 일본의 로봇은 수십 년 동안 대규모 연구비를 투입해 개발한 것이므로, 이번에 1등을 했다고 우리가 가장 기술이 뛰어나다고 단정하긴 어렵다"면서 "김연아 선수가 피겨스케이트 대회에서 여러 차례 우승했지만 그렇다고 우리나라를 피겨 강국으로 부르긴 무리가 있지 않느냐"라고 몸을 낮추는 모습을 보였다. 앞으로 국가적 역량을 높이려면 갈 길이 먼 만큼, 더 뛰어난 로봇기술 개발을 위해 정진하겠다는 의미이다. 그러면서 오 교수는 "실생활에서 로봇이 재난, 구조 활동에 참가하려면 더 큰 기술적 진보가 필요한 만큼 꾸준히 연구개발을 계속할 예정"이라고 포부를 밝혔다.

KAIST 휴머노이드로봇 연구센터는 이미 다음 대회 출전도 고려하고 있다. DRC로 자존심에 타격을 입은 일본은 이전부터 기획하고 있던, DRC 대회와 유사한 형태의 '로봇올림픽'을 통해 자존심 회복을 노릴 계획이다. 2015년 대회 이후 연구실 책임자인 오준호 교수가 부쩍 일본행이 잦아진 것도 이 때문이다.

휴보 팀 관계자는 "아직 확정된 것은 아니지만 앞으로도 여러 대회의 출전을 검토하고 있다"면서 "일본에서 2020년 개최 예정인 '로봇월드컵' 대회도 고려하고 있다"고 밝혔다. 오준호 교수는 "후쿠시마 원전현장을 고려했기 때문에 이번 대회를 흔히 '재난로봇대회'라고 부르지만 두 발로 걷고 손으로 일을 하는 인간형 로봇기술을 고난이도로 요구한 대회라 볼 수 있다"면서 "이번 대회를 준비하면서 새로운 휴보를 처음부터 다시 개발하는 등 많은 노력을 기울였다. 인간형 로봇기술은 로봇 분야에선 기초기술에 해당하는 만큼, 이번에 받은 상금은 모두 새 로봇을 개발하는 연구비에 재투입할 예정"이라고 밝혔다.

DRC 파이널 대회
실패 장면 모음 영상

'DRC 파이널 2015'에 참가했던 세계 각국의 로봇

DRC 파이널에 참가한 로봇의 숫자는 모두 25기. 이중 경기장에 나타나지 않은 중국팀, 현지에서 출전을 포기한 일본팀 '네도 하이드라' 팀을 제외하면 모두 23팀이 경기에 임했다. 저마다 독창적인 로봇을 들고나온 팀도 있고, 범용로봇을 제공받거나 구입해 출전한 팀도 있다. 모든 로봇의 종류는 아래에 도표로 정리했다. 아울러 앞서서 설명하지 않은, 기술적으로 주목할 만한 로봇 3종을 아래에 소개한다.

1. 세계 정상급 인간형 로봇 '아틀라스 II'

비록 우리나라 로봇 '휴보'에 비해 한 수 뒤졌지만, 미국 기업 보스턴 다이내믹스가 개발한 인간형 로봇 '아틀라스'의 성능은 특별함 그 자체다. 이 대회에서 보스턴 다이내믹스는 로봇을 공급하고 고장 수리 등을 도와주는 지원 역할에 그쳤지만, 만약 로봇을 직접 한 대 들고 대회에 출전했다면 승패의 향방이 어느 방향으로 흘렀을지 점치기 어렵다. 아무래도 로봇을 직접 만든 기관이 가장 뛰어난 제어 기술력을 가졌을 것으로 보이기 때문이다. 이 대회에는 모두 7팀이 아틀라스 플랫폼을 이용했다.

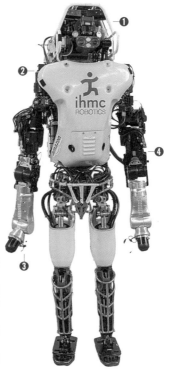

❶ 머리 부분에는 레이저스캐너(라이다)와 화상카메라, 무선인터넷 연결용 안테나 등을 달고 있다.

❷ 어깨 관절은 강한 힘을 낼 수 있는 유압식 구동장치(액추에이터)로 만들어졌다. 다른 로봇보다 훨씬 강한 힘을 낸다.

❸ 손이나 집게 등 각종 도구를 교환해 넣을 수 있는 손목, 사방으로 자유롭게 구부러진다.

❹ 온 몸에 30개의 자유도를 갖고 있다. 모든 관절은 위체 제어와 힘 제어가 가능하다.

아틀라스는 DRC 트라이얼 대회 때도 나왔지만, 최종 결승전인 DRC 파이널에서는 한층 더 업그레이드된 아틀라스Ⅱ가 사용되었다. 기존 아틀라스에서 부품의 75% 정도를 새로운 것으로 교체했고, 전력을 너무 많이 잡아먹었던 문제점도 개선해 내장 배터리로 움직일 수 있게 했다. 이 신형 로봇은 키 188cm에 무게는 156.5kg으로 대단히 육중한 편이다. 하지만 넘어진 후 일어나는 동작을 도와주는 개선된 액추에이터, 동작 중 자신의 손을 볼수 있도록 위치 조정된 팔 등을 포함해 한결 안전성을 높였다. 이밖에 회전형 손목을 통해 팔 전체를 돌릴 필요 없이 문고리를 돌릴 수 있게 만들었으며, 에너지 절감과 조용한 동작성을 도와주는 가변적 압력 펌프도 적용했다.

비록 DRC 대회 이후의 일이긴 하지만, 아틀라스는 현재 숲속 산길을 걸을 수 있는 세계에서 유일한 로봇이다. 보스턴 다이내믹스의 설립자 마크 라이버트는 DRC 대회 이후 MIT에서 열린 한 콘퍼런스에서 아틀라스의 험지 보행 영상을 공개했는데, 덤불이 우거진 지역을 헤치고 걸어가는 영상도 담겨있었다. 아틀라스 연구진은 앞으로 이동성 측면에서 인간에 버금가거나 인간을 능가하는 능력을 지닌 로봇을 개발해 나갈 계획이다.

2. 유럽의 자존심 '워크맨'

워크맨은 보기 드문 유럽형 휴머노이드다. 아기를 닮은 연구용 휴머노이드 '아이컵(iCub)'을 개발했던 이탈리아 공과대학(IIT) 연구팀이 만들었다. 워크(WALK)란 영어의 '걷기'란 의미도 있지만 '전신능동형운동제어(Whole Body Adaptive Locomotion and Manipulation)'의 약자이기도 하다. 이런 이름을 붙인 까닭은 중요 관절이 사람처럼 늘어나고 줄어들면서 충격을 흡수하는 특이구조를 갖고 있기 때문이다.

키 185cm, 무게는 100kg. 머리는 스테레오 타입의 비전 시스템, 회전 가능한 3D 레이저 스캐너, 3D 매핑이 가능한 카메라, 주변의 사물을 인식할 수 있는 복수의 컬러 카메라를 탑재했다. DRC 파이널 대회에서는 그리 큰 활약을 펼치지 못했지만, 독특한 관절구조로 되어 있어 향후 성능 향상이 기대된다.

3. 신개념 구동장치의 시험모델 '에스처'

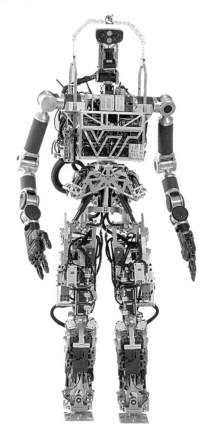

에스처(ESCHER: Electric Series Compliant Humanoid for Emergency Response)는 버지니 아공과대학교 '바롤(VALOR)' 팀이 개발했다. 화재진압용 로봇 '사파이어'의 다리 구조를 가지고 와 DRC 대회 용으로 새롭게 개발한 것으로, 본래 '토르'라는 이름으로 개발하던 모델로 연구책임자인 데니스 홍 교수가 UCLA로 옮겨가면서 이름을 새롭게 바꾸었다. 전동식 모터를 사용하지만, 피스톤처럼 뻗어 나오는 '리니어' 구조를 채택하고 있어 마치 유압식 로봇처럼 힘이 세고, 능동적인 운동제어가 가능한 것이 장점이다. 높은 장점을 가진 구조지만 제어하기가 매우 까다로워서 대회에서는 실제로 높은 성적을 거두지는 못했다.

순위	팀명	로봇명	점수	시간
1	KAIST	DRC휴보 II	8	44:28
2	IHMC 로보틱스	아틀라스	8	50:26
3	타르탄 레스큐	침프	8	55:15
4	NIMBRO RESCUE	모마로	7	34:00
5	ROBOSIMIAN	로보시미안	7	47:59
6	MIT	아틀라스	7	50:25
7	WPI-CMU	아틀라스	7	56:06
8	DRC-HUBO AT UNLV	DRC휴보 II	6	57:41
9	TRACLabs	아틀라스	5	49:00
10	AIST-NEDO	HRP-2	5	52:30
11	NEDO-JSK	JAXON	4	58:39
12	SNU	똘망 2.0	4	59:33
13	THOR	똘망 2.0 (토르)	3	27:47
14	HRP2-TOKYO	HRP-2	3	30:06
15	ROBOTIS	똘망 2.0	3	30:23
16	ViGiR	아틀라스	3	48:49
17	WALK-MAN	워크맨	2	36:35
18	TROOPER	아틀라스	2	42:32
19	HECTOR	똘망 1.0	1	02:44
20	VALOR	에스처	0	00:00
21	AERO	아에로 DRC	0	00:00
22	GRIT	코그번(버디)	0	00:00
23	HKU	아틀라스	0	00:00

'터미네이터' 로봇이 정말 현실에 등장할까?

기술의 발전을 걱정과 우려의 시각으로 바라보는 사람이 많습니다. 전쟁용 로봇을 만들면 언젠가는 인간을 공격할 거라는 우려를 하는 사람도 있고, 인공지능을 개발하면 언젠가 인간을 지배할 거로 생각하는 경우도 있지요. 이런 사고방식은 어디까지나 개인적인 믿음과 성격에 기인하는 것입니다. 기술의 발전을 지지한다고 더 현명한 사람도 아니며, 그 발전에 대해 우려의 목소리를 낸다고 더 한심한 사람도 아니라는 의미죠. 세계적인 천체물리학자이며, '천재' 중에서도 둘째가라면 서럽다는 '스티븐 호킹' 박사조차 2014년에 '인공지능의 진화는 지구 종말을 의미한다'라고 말하기도 해 화제가 됐던 적이 있습니다.

급기야 이런 흐름을 타고 전 세계 지식인들이 2015년 7월 '인공지능 개발을 제한하자'며 정식으로 목소리를 내기도 했습니다. 스티븐 호킹 박사는 물론 전기차 업체 테슬라의 최고경영자(CEO)이자 민간 우주선회사 스페이스X의 최고기술책임자(CTO)인 일론 머스크, 애플의 공동창업자인 스티브 워즈니악 등 세계적인 석학과 기업가 1,000여 명이 동시에 서명하고 그 편지를 전 세계에 공개한 것이지요.

이 편지에는 "기술로 만든 무기는 미래의 '칼라시니코프(러시아제 소총 AK 시리즈)'가 될 것입니다. 인간의 통제를 벗어난 AI 무기 개발을 법으로 금지해야 합니다"라고 적혀 있습니다. 굳이 소총을 예로 든 것은, 워낙에 설계가 훌륭하고 성능이 좋아 전 세계 테러리스트나 반 서방국가들이 표준으로 사용할 만큼 뛰어난 무기이기 때문입니다. 이들은 서한에서 'AI 자동화 무기' 개발을 금지하자고도 했습니다. 아직은 존재하지 않지만 AI 자동화 무기는 공격 대상만 미리 설정해 놓으면 기준에 맞춰 인간의 개입 없이도 알아서 목표를 공격하는 무기니까요.

유엔(UN)도 전쟁 로봇 활용성·위험성 비교 검토

실제로 이런 흐름을 타고 국내외에서 '전쟁 로봇'에 대한 논란이 상당히 자주 불거집니다. DRC 역시 논란에서 좋은 사례로 쓰이곤 하지요. 'DRC는 DARPA의 전쟁 로봇 개발을 위한 포석'이라는 분석이 제기되기도 합니다. 한 국내 일간지는 DRC 대회 직전인 2015년 5월 초 해설 기사를 내고 '영화 〈아이언맨〉이나 〈스타워즈〉에서 볼 법한 지상형 로봇군대까지 나타날지 모른다'는 우려를 전하기도 했습니다. DRC의 1차 목적은 어디까지나 로봇의 '재난 대응 능력'을 가늠하는 데 있었습니다. 물론 이 과정에서 개발된 로봇기술이 군사용으로 활용될 여지는 충분하지요. 그러니 '로봇의 반란'을 우려하는 목소리가 일각에서 꾸준히 제기되는 것도 당연합니다. 과거에는 이런 걱정을 할 정도로 기술 수준이 높지 않았지만 최

근 급격히 발전하는 로봇기술 추세를 보면 이제는 쉽게 생각할 문제가 아닌 것 같습니다. 몇 해 전까지만 해도 로봇이 자동차를 운전하고, 차에서 스스로 내리며, 울퉁불퉁한 도로를 두 발로 걸어가는 것은 영화에서나 가능했습니다. 하지만 DRC 등을 계기로 머지않아 현실에도 그런 로봇이 출현할 거라는 전망이 지배적입니다.

심지어 유엔(UN)도 이런 흐름에 대해 걱정하고 있지요. '치명적자율무기시스템(LAWS)'이라는 다소 복잡한 이름을 붙인 '전쟁용 로봇'에 대한 논의는 유엔의 공식 의제 가운데 하나로도 거론되고 있습니다. 유엔 제네바사무소는 국제적 논의사항인 특정재래식무기금지협약(CCW), 달리 말해 특수무기 금지협약 중 하나로 지난해부터 'LAWS 전문가 회의(Meeting of Experts on LAWS)'를 열고 있습니다. 이 자리에서는 '킬러 로봇 개발 중단'을 중요 안건으로 다루고 있죠. 쉽게 말해 '전쟁 로봇이 등장할 것도 같은데, 문제가 있다고 말하는 사람들이 있으니 전 세계 국가의 모임인 우리가 모여서 그 활용성과 위험성을 논의해보자'고 자리를 마련하고 있는 겁니다.

CCW에 참가하는 세계 각국 전문가들의 의견은 두 갈래로 나뉩니다. 첨단 자동화로봇기술을 보유한 미국, 영국, 이스라엘 등은 전쟁용 로봇도 국제적인 심사절차를 거쳐 유통되기 때문에 별도 심의가 불필요하다는 쪽입니다. 하지만 다른 많은 국가는 '즉각적으로 LAWS를 금지하라'고 촉구하고 있기도 합니다.

사실 현재 기술 수준을 고려하면 당장은 별도의 규제가 필요 없는 게 사실입니다. 아직 100% 자율적으로 판단해 실행하는 전쟁용 로봇 제작이 불가능하기 때문이죠. 현재 실전에 도입된 건 무인정찰기나 무인폭격기 정도인데, 대부분 사람의 원격조종을 받아서 움직입니다. 일부 자율적인 행동을 보이더라도, 이는 사람의 의사결정에 따라 임무를 수행하는 도중에 부수적으로 일어나지요.

그럴듯한 자율무기가 몇몇 나라에 있긴 합니다. 우리나라에도 한 대가 존재하지요. 영국 일간지 「인디펜던트」는 지난해 '킬러로봇: 미래의 기계가 죽이기로 결정한다면 아무도 책임질 사람이 없다'는 제하의 기사를 게재하면서 영국 무인전투기 '타라니스(Taranis)', 미국 무인전투기 'X47-B'와 함께 우리나라 삼성 테크윈이 개발한 'SGR(센트리 가드 로봇)-A1'을 소개했습니다.

SGR-A1은 휴전선 일대에서 사람 대신 보초를 서는 로봇입니다. 이 로봇은 허가받지 않은 지역에 사람이 나타나면 자동으로 소총 사격을 해 격퇴하는 기능을 갖추고 있는데 비무장지대 시험운영을 거쳐 성능을 인정받았습니다. 반경 4km의 적을 스스로 탐지한 뒤 2km까지 추적 공격하는 것이 가능하지요. 무기로는 5.5mm 기관총과 40mm 유탄발사기를 장착할 수 있습니다.

다만 지금은 사격 판단을 SGR-A1이 직접 하지 않고 경계병에게 맡기고 있습니다. 특정 지역에 목표물이 들어왔으니 사격할지 말지를 결정해달라고 요청하는 식입니다. 이를 보면 인간 병사가 좀 더 성능이 뛰어나고 사용하기 편리한 무기를 갖게 된 정도로 생각하는 게 옳습니다. 인디펜던트가 SGR-A1과 함께 소개한 타라니스나 X47-B도 모두 실제 전투 상황에서는 사람 판단에 따라 움직이고 있습니다.

로봇기술의 발전과 전쟁용 로봇의 발전

과학자들은 로봇을 개발할 때 보통 두 가지 기준을 고려합니다. 첫 번째는 성능보다 안전성을 고려하는 경우입니다. 가정용 로봇의 경우 자율성이 높아야 하므로, 주변 환경과의 상호교류 능력을 최대한 높이고, 대신 힘을 최소화하는 방식으로 설계합니다. 혹시 오작동해도 사람에게 피해를 주지 않게 하기 위해서죠. 로봇 청소기가 실수로 사람을 들이받았다고 해서 부상을 입는 경우는 거의 없는 것을 생각하면 됩니다.

반대로 두 번째는 안전성보다 힘과 작업성을 고려하는 경우이지요. 로봇의 힘을 최대화하고, 주변 환경을 고려하지 않는 로봇을 만드는 것입니다. 이런 로봇은 산업용으로 많이 쓰입니다. 공장 등에서는 사람 출입을 통제할 수 있으므로 큰 힘을 내는 로봇도 제한 없이 도입하지요. 가끔 이런 공업현장에 사람이 잘못 들어가 크게 다치거나 하는 일도 일어납니다만, 이런 사고를 가지고 '로봇이 사람을 죽였다'고 말하지 않는 것은 이런 이유 때문입니다.

따라서 전쟁용 로봇은 강력한 힘을 갖추고 주변 환경과 교감하는 능력까지 갖춰야 합니다. 역으로 그런 강한 힘을 이용해 상대방을 공격하고, 필요할 때는 방어도 해야 합니다. 이런 면에서 본다면 재난로봇과 전쟁용 로봇은 개발을 위한 기술적 기반이 똑같다고도 볼 수 있습니다. 당연히 로봇기술의 최전선에 있는 존재이기도 하지요.

개인적으로 '전쟁용 인공지능 로봇의 개발을 막자'는 주장 자체에 대해서는 일부 공감합니다만, 이 말이 '무기의 개발을 막자'는 이야기와 사실 별 차이가 없게 들리기도 합니다. 무기를 개발하지 않으면 물론 좋겠습니다만, 현실적으로 그것이 가능한가에 대한 의문이 들기 때문입니다.

물리와 공학기술이 발전하면서 전쟁용 무기의 발전은 자연스럽게 함께 이루어져 왔습니다. 물론 그 반대의 경우도 있었지요. 독일의 V2로켓 개발은 결국 우주선의 개발로 이어졌습니다. 독일이 개발한 V2로켓은 전쟁 때 영국을 직접 공격하기 위한 것으로 2,754명의 생명을 앗아간 악마의 무기였죠. 하지만 이 로켓의 개발이 결국 전 세계 우주발사체 개발의 기틀이 된 사실 역시 부정할 수 없습니다.

기술이 발전하고 사람이 이를 이용하면서 생기는 수많은 사례 중 단면만을 보고 '기술의 발전, 그 자체를 막아야 한다'고 주장하는 것이 그리 현명하게 생각되지는 않습니다. 어떤 일을 하든지 마찬가지겠습니다만, 장점 때문에 생기는 이익과 단점으로 인해 생기는 손실을 철저해 비교해 보고, 그 결과에 따라 받아들이려는 노력도 기울여야 합리적인 생각입니다. 전쟁 로봇의 개발을 우려하기에 앞서, 로봇을 개발하면서 얻을 수 있는 수많은 장점 역시 고려해야 합니다.

전쟁용 로봇도 주체는 결국 '사람'

LAWS 역시 마찬가지입니다. 이런 전쟁용 로봇이 윤리적으로 옳은지 그른지를 논하는 것 역시 현재로썬 답이 없는 문제입니다. 로봇은 도구의 하나로, 결국 윤리의 잣대는 로봇 사용자의 윤리가 될 것이기 때문입니다. LAWS를 반대하는 측은 '기계가 자체적인 판단으로 사람을 죽이는 것이 과연 타당한가'라는 논리를 펴기도 합니다. 2014년 CCW에 참석한 독일 관계자는 "우리는 자율무기가 독단적으로 인간의 생사를 결정한다는 사실을 받아들일 수 없다"고 주장했습니다.

사실 이런 주장은 로봇기술의 현재를 잘 이해하지 못하는 데서 비롯됐을 가능성이 높습니다. 로봇이 자율적으로 움직이려면 인공지능기술이 필요합니다. 자의적 판단의 주체, 즉 의식을 인공적으로 만들어야 한다는 뜻입니다. 그런데 이 분야는 과학기술이 계속 발전한다 해도 이뤄질 수 있을지의 여부 자체가 불확실합니다. 현대과학은 인간 지능의 기본인 두뇌에 대해 아는 게 거의 없기 때문입니다. 사람의 두뇌와 성능을 모방한 컴퓨터 칩조차 없는 상태로, 양자컴퓨터 등이 대안으로 제시되지만, 실질적인 연구 성과는 아직 없는 상황이지요. 예를 들어 무인폭격기에 "A라는 지역에 폭탄 3개를 떨어뜨리라"고 명령하면 폭격기가 해당 지점까지 위성위치확인시스템(GPS)을 이용해 자동으로 날아가는 식입니다. 사실 이것을 '로봇이 인간을 공격하는 행위'로 보는 건 무리가 있습니다. 미사일로 공격해 도시를 파괴하는 건 인간의 공격행위로 간주하고, 로봇의 움직임을 조종해 사람을 공격하는 것은 '인공지능의 습격'이라고 말하는

게 사실 어불성설이기 때문입니다.

어떤 일에나 장단점이 있습니다. 로봇이 평화적으로, 산업적으로만 쓰인다면 더없이 좋은 일이겠습니다만, 조금이라도 더 성능 좋은 무기를 개발하려는 건 군사기술 전문가들에게 당연한 목표이기도 합니다. 만약 LAWS를 이용해 타국보다 더 강한 군사력을 확보할 수 있다면, 그만큼 국가의 안전을 더 확고히 지킬 수도 있는 일입니다.

총이나 미사일도 그렇지만, 로봇의 발전이 군사기술 개발로 이어지는 것은 이제 피할 수 없는 선택으로 보이기도 합니다. 로봇은 결국 테러리스트들의 무기가 되어 시민의 생명과 재산을 위협할 수도 있고, 안보를 위해 어쩔 수 없이 목숨을 버려야만 했던 젊은 우리나라 청년들의 생명을 하나라도 더 지키는데 쓸 수도 있다는 의미입니다. 로봇 자체가 옳은가, 옳지 않은가를 판단하기 보다는 그것을 이용하는 사람들에게 올바른 사용 규정을 제공하고, 한 편으로는 로봇기술 악용을 막기 위해 전 세계가 협력하는 것이 더 올바른 대응책이 아닐까요?

물론 이런 기준을 놓고 본다면 로봇을 어디까지 개발하고, 또 어디까지 자율성을 부여할지의 기준은 사회 구성원 간의 합의가 필요합니다. 그 세세하고 정확한 규정을 결정하는 건 앞으로 군사전문가와 로봇공학자 그리고 인문사회학자들 사이에서 수많은 토론을 거치며 함께 풀어나가야 할 과제가 아닐까 생각해봅니다.

TASK 7

휴보는 한국형 인간형 로봇 생태계의 원조

로봇이 지배하는 세상은 이미 코앞에 다가와 있다

로봇은 미래 경제, 사회 핵심 요건

로봇이 만들어 갈 새로운 세상

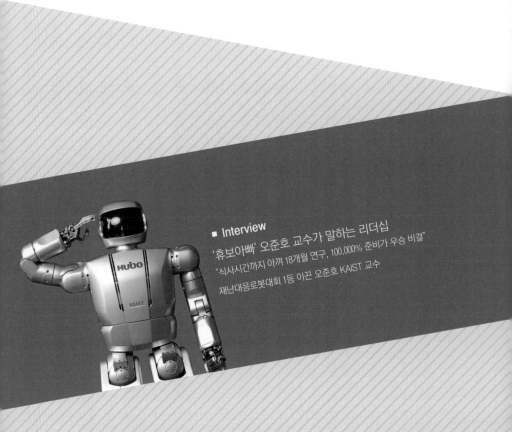

■ **Interview**

'휴보아빠' 오준호 교수가 말하는 리더십

"식사시간까지 아껴 18개월 연구, 100,000% 준비가 우승 비결"

재난대응로봇대회 1등 이끈 오준호 KAIST 교수

"지배하라,
로봇 코리아!"

"휴보가 DRC에서 우승을 했다고 한다. 우리 연구소도 과거에 A라는 로봇을 개발한 적이 있다. 휴보의 우승은 우리가 지난 20여 년 동안 육성해 온 로봇의 '연구개발 생태계'가 이룬 성공사례라고도 볼 수 있다."

국내의 한 원로급 과학자는 휴보의 우승이 알려지자 한 일간지에 '우리도 로봇 연구를 했었다. 우리가 만든 토대가 있었기에 휴보도 있을 수 있었다'는 제하의 글을 실었다. 친하지는 않았지만 면식이 있는 과학자였고, 평소 존경의 마음도 품고 있던 분이었는데 왜 이런 '낯뜨거운' 일을 하셨는지 실로 이해가 가질 않는다. 그분의 자세한 속내야 알 수 없지만, 앞으로 국내 로봇 연구개발의 중심이 휴보를 연구했던 KAIST 연구진 쪽으로 크게 옮겨갈 것이 자명해지자 대중과 정부기관에 조금이라도 영향력 있는 연구기관으로 보이고 싶었던 것으로밖에 해석되지 않는다. 흔히 말하는 '숟가락 얹기'다.

휴보를 13년째 취재하고 있는 사람 입장에서 말하지만, 명확한 것은 앞서 말한 원로급 과학자께서 일하던 바로 그 기관으로부터 휴보 연구진은 어떤 유형무형의 기술적 도움도 받은 적이 없다는 사실이다. 마치 피겨스케이트 김연아 선수가 각고의 노력 끝에 세계대회에서 1위를 하자, 지금까지 김연아에게 코치 한 번 해준 적이 없던 한 체육대학 교수님이 나타나 "우리 학교도 국내에 피겨 생태계를 만들며 연아의 우승에 적잖은 공헌을 했답니다. 호호호!" 하며 넋두리를 늘어놓는 상황과 다를 게 없다. 휴보는 국내 생태계의 도움을 받기는커녕 독자적으로 힘겹게 연구를 하며 로봇 생태계를 개척해왔고, 오히려 적잖은 국내 연구팀에 영향을 미쳐온 존재다. 이를 두고 그렇게 정반대로 이야기할 수 있는지 의구심이 들 뿐이다.

휴보 팀의 역량은 대부분 휴보 연구실 내부에서 독자적으로 연구하며 얻어낸 것들이다. 휴보를 처음 개발하던 당시 연구원들이 외국의 논문을 가지고 오자 연구책임자이던 오준호 교수가 "이런 거 보고 있지말고 네가 직접 실험을 해보라"면서 그 논문을 눈앞에서 찢어 버렸다는 일화는 너무도 유명하다. 직접 만들어보고 경험을 얻어야 그다음에 무언가 할 수 있다는 의미였지만, 국내에서 누구도 이런 연구를 해본 적이 없어 맨바닥에서 시작했던 연구진의 애환을 잘 알 수 있다.

휴보는 한국형 인간형
로봇 생태계의 원조

DRC 우승으로 인해 대한민국의 로봇기술력에 대한 평가가 크게 올라갔지만, 사실 그 몇 해 전부터 이미 '한국도 대단한 휴머노이드 강국'이라고 세간에 알려져 있었다. 심지어 "왜 당장 실용성이 떨어지는 휴머노이드로봇만 지원하느냐"는 볼멘소리까지 들리기도 했다. 그러나 이 말은 명백하게 착각이다. 사실 국내에는 지금까지 휴머노이드로봇 연구 프로젝트 자체가 존재하지 않았다.

휴보센터는 2004년부터 7년간 매년 평균 5억 원 정도를 지원받았다. 20여 명에 달하는 연구팀원들의 인건비도 충당하기 어려운 돈이다. 그나마 이 연구비도 모두 산업 목적의 연구를 하라고 받은 것들이다. 그러니 휴보 팀은 이 비용 안에서 어떻게든 산업적 연구성과를 내서 발주기관에 넘겨주곤 했다. 휴보를 개발하라고 돈을 받은 것이 아니라, 역으로 휴보를 개발하며 얻어낸 기술력으로 각종 산업과제를 척척 수행하며 연구비를 받고 있었던 것이다. 부족한 비용은 실험실 창업기업 '레인보우'를 통해 휴보를 미국의 여러 대학, 싱가포르 국책연구소, 구글 등 해외 연구기관에 판매하는 형태로 '벌어서' 썼다. 인간형 로봇 개발비로 받은 것은 산업통상자원부가 DRC 파이널 대회 참가팀을 선정하면서 지원했던 13억 5,000만 원이 거의 전부였다.

이미 휴보는 당당한 세계 인간형 로봇 연구의 한 축이다. 인간형 로봇을 연구하고 싶은 여러 나라 과학자들에게 좋은 연구장비가 되기 때문이다. 사실 휴보는 국내보다 미국에서 더 인기가 높다. 폴 오 드렉셀대학교 교수^현 UNLV대학교 팀이 주도적으로 추진한 '재미휴보'라는 프로젝트를 통해 휴보센터는 2010년에 휴보 8대를 무더기로 해외에 수출하기도 했다. 미국 미시간공과대학교MIT, 카네기멜런대학교, 퍼듀대학교, 버지니아공과대학교, 서던캘리포니아대학교, 펜실베이니아주립대학교 등 6개 학교이다. 싱가포르 국책연구기관인 '정보통신연구소I²R'도 2대를 샀다. 그 이후 세계적 IT기업 구글도 휴보2를 2대나 사 갔고, 우리나라 한국원자력연구원도 DRC휴보Ⅱ 1대를 갖고 있다.

이들이 대당 가격이 5억 원에 달하는 휴보를 선뜻 구입해가는 이유는 간단하다. 휴보가 그만한 성능을 보장하기 때문이다. 이런 로봇은 일본의 HRP, 미국의 아틀라스 등 세계적으로도 몇 종류 되지 않는다. 그나마 아틀라스는 DRC 대회를 기준으로 공급됐고, HRP 시리즈는 일본 내에서도 매우 제한적으로 다른 기관에 공급되고 있다. 전 세계 어디서든 '자, 지금부터 인간형 로봇을 연구해야겠는데, 제대로 된 로봇 한 대를 구입해 오자'라고 이야기한다면 사실상 휴보 외에 다른 대안을 찾기 어렵다. 이렇게 휴보를 통해 로봇제어기술을 익힌 연구진들이 앞으로 인간형 로봇 개발을 추진하게 되면서 선순환 구조를 일으키고 있는 셈이다.

휴보 팀과 나란히 DRC 대회에 출전한 바 있고, 우리나라에서도 젊은 로봇과학자로 인기가 높은 '한재권' 로보티즈 연구원현 한양대 교수도 휴보 연구에 참여한 바 있다. 미국 버지니아텍 유학 시절인 2008년, 휴보의 키를 35cm 정도로 작게 만든 '미니 휴보'를 설계하고 각국 대학이 기본적인 로봇 연구용 플랫폼으로 사용하도록 설계도를 공개하기도 했다. 실제로 이 소형 로봇은 조지아공과대학교 등 여러 연구기관에서 쓰였다. 당시 휴보와 인연을 맺었던 한재권 박사는 이후 우리나라 로봇기업 '로보티즈'에서 한국형 인간형 로봇 '똘망' 개발을 주도했고, 현재도 한양대에서 인간형 로봇연구를 준비하고 있다. 한 교수는 "여러 로봇을 개발하고 있지만, 당시에 휴보의 특성을 작은 로봇에 담기 위해 많은 노력을 했다"고 말했다.

국내 휴보 팀, 주로 재미 한국인 과학자들이 주축이 돼 촉발된 이 '인간형 로봇 연구 네트워크'는 세계 인간형 로봇 연구에 실제로 커다란 영향을 미치고 있다. 특히 폴 오 교수팀은 휴보 팀과 지속적으로 교류하고 있고, DRC 트라이얼 대회에는 KAIST와 공동으로 출전했다. DRC 파이널 대회 때는 소속 대학을 네바다대학교 라스베가스캠퍼스UNLV로 옮긴 폴 오 교수팀이 DRC휴보II 한 대를 휴보 팀으로부터 제공받고, 휴보 팀에서 달리는 로봇을 국내 최초로 개발한바 있는 조백규 국민대 교수팀과 공동으로 한 팀을 꾸리기도 했다. 휴보를 주축으로 서로

기술을 공유하고 교류하다
보니 기술의 개발도 더 빨라
졌고, 다시 경쟁적으로 로봇
기술을 겨루는 선순환 구조
로도 이어지고 있는 셈이다.

국내 한 전시장에 소개된 DRC휴보Ⅱ의 모습.
출처: 동아사이언스

휴보가 촉발했던 한국의
로봇 생태계가 급속도로 성
장하고 있다는 사실은 DRC
파이널에서도 드러난다. 이
대회에 참가한 팀은 25개. 이
중 2개 팀이 출전을 포기하
고 실제로 경합을 벌인 것은

23개 팀이며, 한국인이 주축을 이룬 팀은 5개나 됐다. 먼저 KAIST 휴보
센터 팀이 단독 출전한 '팀 KAIST' 그리고 국내기업 '로보티즈'도 한국
형 휴머노이드로봇 똘망을 앞세워 출전했다. 또 서울대 문화기술대학
원 박재흥 교수팀은 로봇을 직접 개발하지 않고, 로보티즈로부터 똘망
을 제공받아 대회에 나갔다. 이밖에 UNLV와 국민대학교가 연합한 '팀
DRC휴보', 그리고 한국계 미국인 데니스 홍 UCLA 교수팀도 펜실베이
니아대학교 연구팀과 공동으로 똘망을 가지고 대회에 참가했었다.

비단 한국팀뿐일까? 세계적 연구팀들이 대회 참가를 위해 한국 로봇
을 구입했다. DRC 대회 공식 로봇은 '아틀라스'. DARPA는 모두 7개 팀
에 이 로봇을 제공했다. 반면 한국서 개발한 로봇이나 부품을 사용한

팀은 오히려 이보다 많은 8개다. 한국계 5팀 이외에 독일 담스타드공대 팀이 똘망 1대를 구입해 대회에 출전했다. 전체 출전팀의 3분의 1이 넘는 숫자가 한국 로봇이나 부품을 이용한 것이다. 나머지 팀들은 미국10개 팀, 일본5개 팀, 이탈리아1개 팀이 자국의 로봇으로 대회에 나갔다.

성능 역시 최상위 수준으로 꼽힌다. KAIST는 익히 알려진 대로 1위, 독일 본대학교 팀과 미국 버지니아공대 팀은 국내기업 로보티즈로부터 구입해 간 부품을 구입해 로봇 '모마로'를 제작했다. 이 로봇은 7점의 고득점을 올려 대회 4위를 기록했다. 팀 DRC휴보는 총 6점의 점수를 받아 24개 팀 중 8위라는 비교적 높은 성적을 거뒀다. 팀 로보티즈는 대회 중 실수로 15위의 다소 부진한 성적을 냈다. 팀 SNU는 12위를, 또 UCLA의 팀 토르Team THOR 는 13위에 올랐다. 1위부터 10위권까지 한국 로봇팀들이 두루 차지한 것이다. 이 때문에 국내외 로봇공학자들은 이번 대회를 한국 로봇기술이 세계적 수준에 도달했다는 증거로 꼽기도 한다.

이 추세를 고려해 우리 정부도 국내 독자기술로 '국민안전로봇프로젝트'를 추진할 계획이다. 산업통상자원부 관계자는 "인간형 로봇은 로봇공학기술의 극치로 불리며 다양한 산업으로 파급될 가능성을 갖고 있다"면서 "예비타당성 조사를 거쳐 2022년까지 국산 재난로봇을 상용화할 계획"이라고 밝혔다.

로봇이 지배하는 세상은
이미 코앞에 다가와 있다

 비단 DRC의 기본 목적인 '재난 구조로봇' 한 가지만 놓고 이야기하는 것은 아니다. 로봇공학계에선 '팍스 로보티카'라는 말이 있다. 흔히 알려진 '팍스 아메리카나미국에 의한 패권'라는 단어에서 나온 것으로, 산업계 전체가 로봇을 중심으로 새롭게 재편될 것이라는 뜻을 담고 있다. 이 말은 이미 사실로 다가오고 있다. 제조업과 의료, 우주 탐사까지 거의 모든 분야에서 로봇이 핵심적인 역할을 차지하고 있기 때문이다. 한마디로 미래 사회에서 로봇을 모르면 사회 지배계층에 들어서기 어려워질 것이다.

 로봇의 역사는 20세기 이전으로 올라간다. 산업화가 시작되면서 사람보다 강한 힘을 낼 수 있는 동력장치가 개발되고, 금속 가공 기술이 발달하면서 사람 대신 일을 하는 '산업용 로봇'이 처음 등장했다. 1950년대에 개발된 산업용 로봇 '유니메이트Unimate '는 1962년부터 미국의 자동차회사 GM의 생산라인에 적용되기 시작했다. 강한 힘과 정확성을 바탕으로 무거운 강철을 들어 올려 옮기는 등 어렵고 위험한 공정 작업을 '척척' 해내자 많은 산업 영역에서 로봇을 주목하기 시작했다.

그 결과 산업용 로봇의 규모는 2014년 한 해에만 전 세계에서 22만 5,000대가 판매되었을 정도로 커졌다. 특히 우리나라는 1만 명당 산업용 로봇 대수를 뜻하는 '로봇 밀도'가 2013년 437대로 세계 1위 로봇 활용 국가로 성장했다. 미국의 시장조사기관 〈스파이어 리서치〉는 우리나라의 산업·서비스 로봇이 2016년 20만 1,700대에 달해 세계에서 가장 많을 것으로 내다봤다.

최근에는 '다품종 소량생산' 추세에 맞춰 사람과 로봇이 복잡한 작업을 나눠 맡을 수 있는 작고 안전한 로봇이 대세다. 인간형 서비스로봇 등에 사용되던 '환경교류' 기능이 공장 속으로도 들어가고 있는 것이다. 이 분야에선 독일 로봇 기업 '쿠카'에서 2006년 개발한 'LBR' 로봇이 가장 높은 평가를 받는다. 최신 모델의 경우 무게가 24kg밖에 나가지 않으며 동작 범위가 80cm 정도로 좁아서 사람과 로봇이 함께 작업할 수 있다. 특히 사람과 부딪히면 자동으로 멈추기 때문에 안전하게 협업이 가능하다는 것이 가장 큰 장점이다.

우주나 해저 등 위험지역 탐사는 로봇의 장기다. 로봇의 가장 큰 장점은 척박한 환경에서 사람 대신 일을 할 수 있다는 점이다. 이 때문에 과학자들은 로봇을 우주 탐사에 활용하기 시작했다. 러시아는 1970년 세계 최초로 바퀴가 달린 탐사용 로봇 '루노호트 1호'를 달로 쏘아 올려 달 표면을 10.5km 이동하게 만드는 데 성공했다. 1973년엔 루노호트 2호를 이용해 달 표면 37km 거리를 누비며 카메라와 X선 측정 장치 등을 이용한 과학 조사를 실시했다.

미국은 달 탐사 과정에선 로봇보다 사람을 우주로 보내는 데 초점을 맞췄지만 화성 탐사에 도전하면서부터 로봇을 적극 도입했다 1996년 화성탐사선에 '소저너'라는 이름의 무인탐사로봇을 쏘아 보냈고, 2003년에는 '오퍼튜니티', 2011년에는 '큐리오시티' 탐사로봇을 화성으로 보냈다. 이들 무인로봇들은 화성에 물이 흘렀던 흔적을 포착하는 데 성공하는 등 우주 탐사에 혁혁한 공을 세웠다.

의료의 영역도 로봇이 잠식하고 있다. 최근에는 외과 수술에도 로봇이 대세다. 2000년에 개발된 수술 로봇 '다빈치'가 대표적이다. 4개의 로봇 팔을 이용해 수술하며, 육안보다 10~15배 확대된 입체영상을 제공하고, 의사의 손 떨림도 막아줘 정밀한 수술을 할 수 있도록 돕는다. 다양한 부위 수술이 가능하지만 특히 갑상샘과 전립선 등 부위는 가장 치료 효과가 뛰어난 '스탠더드' 수술법으로 인정받고 있다. 다빈치 외에는 무릎 관절을 깎거나 인공관절을 심는데 쓰는 정형외과용 로봇 '로보닥', 말초동맥 혈관의 막힌 부분을 찾아서 열어 주는 '마젤란' 등이 현재 의료계에서 활약하고 있다.

로봇공학자들은 수술뿐 아니라 환자 병간호에도 로봇이 활약할 거라고 예상한다. 일본이화학연구소RIKEN 에서는 2009년 환자를 들어 올려 옮기는 간병 로봇 '리바'를 개발했다. 이 로봇은 두 손으로 환자를 들어 올려 자세를 바꿔 주거나 휠체어나 변기 위로 옮겨준다. 최근에는

80kg의 환자를 들고 좁은 공간도 자유롭게 다닐 수 있을 만큼 성능이
개선됐다.

국내에서도 이미 수술로봇 개발이 한창이며 한국과학기술원KIST과
KAIST, 한양대학교, 전남대학교 등 연구진이 뇌수술용, 이비인후과 수
술용 로봇을 개발하고 있다. 로봇은 이미 사회 전 영역에 침투해 세상
을 바꾸고 있는 것이다.

로봇은 미래 경제,
사회 핵심 요건

"털어놓고 이야기해보자. 우리나라에서 대학 연구팀이 정부 지원을 받아 기술을 개발하고, 그것으로 직접 벤처기업을 창업하고, 여기서 만든 제품은 개당 5억 원 선에 팔린다. 수십 명의 고용창출도 했다. 이런 성공 사례가 국내에 도대체 몇 개나 되겠는가?"

오준호 교수는 인터뷰 때 '인간형 로봇은 산업성이 떨어진다는 지적이 있다. 다른 로봇도 많은데 왜 인간형이어야만 하느냐?'는 질문에 이같이 답했다. DRC 우승 이후 휴보센터에는 미국·유럽 등 해외 연구기관으로부터 공동연구 요청이 쏟아지고 있다. 방송 출연 요청도 부쩍 늘었다. 이를 놓고 '대단한 성과'라며 솔직하게 기뻐하고 축하하는 사람이 있는가 하면, "인간형 로봇은 산업적으로 큰 쓸모도 없는데 쓸데없는 짓을 한다"며 흠을 잡는 사람도 나온다. 사람처럼 두 발로 걷는 '인간형 로봇'은 로봇기술 발전을 위한 노력일 뿐, 산업적 가치는 거의 없으니 적절하게 시행해야 한다는 중도론도 고개를 든다. 하지만 오 교수는 "기초 연구의 상업적 성과를 논하는 것은 어불성설"이라고까지 답했다. 휴보센터는 이미 인간형 연구로 투자비를 훨씬 넘어서는 상업적 성과를 올리고 있다는 것이다.

그의 말은 사실이다. 나 역시 십분 공감하는 부분이기도 하다. 일본이나 미국 등 어느 나라 사람을 만나도 한국의 인간형 로봇기술이 대단하다는 평가를 듣곤 한다. 하지만 이런 평가가 뭘 보고 나오는 것인지는 살펴볼 필요가 있다. 휴보센터가 개발한 로봇 휴보 시리즈는 11년 전인 2004년 처음 개발돼 꾸준히 성능을 높여왔고, 해외에서 한국 로봇에 대한 평가가 나올 경우 사실상 휴보에 대한 평가인 경우가 대부분이다.

그렇다면 이런 '로봇혁명' 속에서 우리나라는 어떤 변화를 추구해야 할까. 전통적으로 뛰어난 기계 제어기술을 가진 나라는 실제로 세계적으로도 강한 힘을 갖고 있다. 사실상 미국이 전반적으로 가장 앞서고 일본과 유럽이 비슷한 수준으로 해석된다. 그다음으로 우리나라 정도를 꼽고 있다. 이런 정밀 로봇공학기술의 집결체가 인간형 로봇이다. 실제로 고성능 인간형 로봇을 만들 수 있는 나라는 세계적으로 얼마 되지 않는다. 미국·일본·한국·유럽 정도다. 중국은 아직 시간이 필요할 것으로 보인다. 중국은 다양한 로봇을 개발하면서 '인간형'이라는 간판을 내걸기를 좋아하지만 정작 기술력은 부족한 경우가 많다. 몇 해 전엔 탁구를 하는 로봇 '우'와 '쿵'을 개발해 발표했다. 걷지 못하고 두 팔만 움직이지만, 외형은 인간형으로 꾸며 기술력이 뛰어난 것처럼 포장한 경우다.

반대로 미국은 아틀라스, 일본은 아시모, 이탈리아는 워크맨 등 자랑할 만한 인간형 로봇이 존재한다. 제각기 특성이 있지만 모두 뛰어난 성능을 갖고 있다. 한마디로 인간형 로봇기술은 공학기술로 만들지만 사실 기초 과학에 가깝다. 로봇으로 뭘 할 수 있는지를 실험하는 모든 기술력을 동원해 실험하는 지인 셈이다. 이 로봇 연구를 놓고 '상업성이 없다'고 평가하는 말 자체가 어불성설이다. 최첨단 로봇기술에 관한 한 우리나라가 선두그룹에 속해있고, 연구와 투자에 따라 세계를 주도할 가능성도 충분히 갖고 있다는 의미다.

실제로 휴보센터 연구진이 로봇 '휴보'를 개발하며 얻어낸 기계공학적 진보는 당장 상업화하기에도 무리 없는 것들이 수두룩하다. 휴보 개발 과정에서 얻은 기술력을 응용해 여러 가지 발명품을 개발한 전례도 있다. 가수 김장훈 씨의 로봇 무대 '스튜어트플랫폼'의 제어기술도, 현재 한국천문연구원이 운영하는 '광학 우주물체 추적시스템'도 모두 휴보센터에서 만들었다. 비록 상용화하지는 않았지만, 현재 대중에게 큰 인기를 걷고 있는 소형 전동 운송장치세그웨이, 나인봇 등 역시 개발한 바 있다. 이밖에 기계장치를 실시간으로 조종할 수 있는 '제노마이' 로봇을 비롯한 각종 자동화 장치 제어를 위해 리눅스 운영체제 위에 얹어 사용하는 운영환경 '포도PODO 시스템' 등도 독자적인 연구 성과다. 여기에 독자적인 고출력 모터 제어기술, 힘 감지 및 제어포스토크센서 기술, 자세 안정화 기술, 전력운영기술 등도 모두 휴보 팀의 작품이다.

아직 인간형 로봇이 실용화 수준에 도달할 거라고 장담하긴 무리가 있다. 로봇이 문고리 하나 비틀어 열고, 밸브 하나 잠그는 데 5분, 10분씩 걸린다. 뭔가 일을 시키려면 사람이 일일이 동작 순서를 조정해 주느니 직접 자기 손으로 하는 게 더 빠르고 편하다. 가정에서 누가 몇억 원씩 주고 이런 로봇을 사다 쓸 수 있을까? 하지만 방사능이 가득 찬 재난현장 복구, 우주탐사 상황이라면 이야기가 달라진다. 이런 로봇이라도 개발하고 투입해서 문제를 해결해야 한다. 물론 이 기술의 파급효과는 덤인 셈이다. 나아가 휴보 팀의 DRC 우승을 놓고 '한국 과학기술의 변혁을 일으킬 만한 기념비적인 사건'이라고까지 말하는 것은 바로 이 때문이다.

관건은 '로봇 강국 대한민국'을 만들기 위해서는 지금부터가 중요하다는 사실이다. 오준호 교수가 평소 자주 하는 이야기가 있다. 평소 공부를 안 하던 학생이 한 달 정도 공부해 평균 80점을 받는 것은 쉽다. 하지만 95점 맞던 학생이 100점을 맞으려면 1년 내내 공부해도 쉽지 않다는 이야기다. 나 역시 공감한다. 우리나라 로봇산업은 로봇 휴보의 고군분투 덕분에 여기까지 올 수 있었다고 해도 과언이 아니다. 남은 5점의 점수를 채우기 위해서는 국가적인 집중과 노력이 필요한 시기다. 그것이 미래 사회에 우리 '기술 한국'이 나아갈 중요한 방향 중 하나가 아닐까.

STORY 4

로봇이 만들어 갈
새로운 세상

　사람들은 나에게 '무엇 때문에 로봇 휴보 연구진에 그리 큰 애정을 쏟느냐'고 묻고는 한다. 나는 여기에 대해 '세상의 중심이 로봇으로 재편될 것이기 때문'이라고 담담하게 대답한다. 그리고 수많은 로봇 연구 팀 중에 왜 하필 휴보 팀을 그렇게 편애하느냐고 물으면 '국내에서 가장 로봇기술이 뛰어난 곳이기 때문'이라고 말한다.

　기계기술은 국가의 힘이다. 그리고 소프트웨어기술은 첨단 산업의 꽃이다. 그리고 로봇기술은 이 두 가지 역량을 절묘하게 엮어내 새로운 산업을 촉발하고 있다. 지금까지는 단순히 모니터나 스마트폰 같은 디스플레이 속에서 이뤄지던 조용한 혁명이 로봇기술과 만나기 시작하면서 폭발적으로 현실사회의 모습 그 자체가 변화하고 있기 때문이다.

　단순히 하늘을 날고, 물건을 운반하고, 카메라 영상을 촬영하는 기능을 가진 '드론' 하나 가지고 세상이 얼마나 큰 변화를 겪고 있는지를 생각해 보라. 사람이 운전하지 않는 '자율주행 자동차'의 등장이 앞으로 이동수단과 교통문화를 어떻게 변화시킬지를 생각해 보라. 이는 지금까지 생각지 못했던 변화다. 사회의 구조와 문명 자체를 흔들 수 있는 큰 변화다.

주변에서 흔히 예를 들 수 있는 것이 드론과 자율주행 자동차다. 사실 이 두 가지는 이름이 바뀔 뿐 기본적으로 로봇기술의 응용이다. 제작 감각이 로봇의 그것과 대동소이할 뿐 아니라, 실제로 로봇기술과 구분이 가지 않는 것들이 많다. 로봇기술이라는 거대한 테두리에 속한 부분집합인 셈이다.

소프트웨어로 자율적으로 움직이고 기계장치로 독립적으로 일을 하는 장치. 그 로봇이라는 형태의 한두 가지 편린만 가지고도 세상은 이처럼 큰 변화를 예고하고 있다. 만약 본격적인 로봇제작기술이 진정한 완숙의 단계에 이르렀을 때, 우리는 사회는 앞으로 어떤 일을 얼마나 더 많이, 얼마나 더 편하게 할 수 있게 될까? 그리고 우리의 사회의 생활모습과 문화는 어떻게, 얼마나 더 변화해 나갈 수 있을까?

로봇기술이 만들어 낼 세상의 변화는 나 한 사람의 상상력으로 담아내기엔 너무나도 크다. 그 미래의 한 단면을 쫓아, 오늘도 나는 휴보센터의 초인종을 누르고 있다.

"저 왔습니다! 교수님."

'휴보아빠' 오준호 교수가 말하는 리더십

"식사시간까지 아껴 18개월 연구, 100.000% 준비가 우승 비결"

"우승의 가장 큰 요인이요? 솔직히 저는 '강력한 리더십 덕분'이라고 생각합니다. 누구 한 사람이 나서서 모두를 한 방향으로 몰고 가야 해요. 우리 연구실에 천재 아닌 사람 별로 없습니다. 저마다 자신의 생각이 있고, 자부심들도 모두 대단해요. 하지만 이런 모두의 의견을 한 방향으로 정리해주질 못하면 아무것도 할 수 없지요. (제가) 그걸 해냈다고 봐요."

휴보 팀이 미국 캘리포니아 포모나에서 열린 DRC 파이널(Final)에서 우승했을 때, 저녁에 숙소에서 그를 만나 우승의 비결을 묻자 조용히 이 같은 말을 꺼내놓았다. 다른 기자들에게는 꺼내놓기 쉽지 않은 표현이었다. 전후 사정을 모르는 사람이라면 흔한 자기 자랑이라고 생각할 법도 하기 때문이다. 하지만 여기에 숨은 의미를 오랜 기간 그를 취재해 온 사람 입장에서는 단박에 알 수 있었다. "여기까지 오느라 그도 이만큼 힘이 들었구나, 이 이야기를 꺼낼 만큼 모두를 이끄느라 지치고 외로웠구나!" 이런 마음이 들었다.

오 교수는 힘든 내색을 잘 하지 않는다. 답답하면 짜증을 내고, 상대방에게 화를 쏟아부을망정, 낙심하고 체념하진 않는다. 하지만 그런 그라고 힘이 들지 않았을까. 환갑의 나이에 20대 초반의 박사과정 학생들 마음을 휘어잡고, 그들의 역량을 한 곳으로 모으려면 그만큼 대단한 열정과 두뇌가 필요했고, 그만한 마음고생도 필요했다.

직접 오 교수에 대한 인터뷰 기사를 쓴 것도 여러 건이 있고, 이 책을 위해 한 편의 인터뷰를 추가로 진행할까도 생각했다. 하지만 문득 한 발 떨어져 그의 의견을 담담하게 담아내는 편이 더 좋지 않을까 하는 생각이 들었다. 그래서 김상연 전 「동아사이언스」 전문기자가 DRC 우승 후 그를 직접 인터뷰하고, 동아일보 지면과 과학포털 「동아사이언스」에 소개했던 인터뷰 기사 내용을 본인의 허락을 얻어 소개한다. 본문과 다소 중복되는 감이 있어도 일부 문단만을 조정하고 가급적 원문을 그대로 옮겨 싣는다. 본문에 소개한 DRC 진행을 연구 책임자인 오 교수가 어떤 마음과 철학을 가지고 진행해왔는지를 엿볼 수 있을 것이다.

└─ DRC Final 대회에 참가한 한국인 연구진의 모습. 오준호 KAIST 교수(가운데)와 데니스 홍 교수(왼쪽), 한재권 교수(오른쪽). 출처: KAIST

재난대응로봇대회 1등 이끈 오준호 KAIST 교수

《2004년 가을, 이 땅에 두 발로 걷는 로봇, 즉 휴머노이드가 처음 한국인의 손에 의해 탄생했다. 이미 일본의 아시모가 두 발로 걷고 뛰면서 세계적인 열풍을 일으키고 있을 때였다. 조금씩 세계 수준을 쫓아가던 이 로봇은 11년 만인 올해 6월 초, 미국에서 열린 '세계재난대응로봇대회(다르파 로보틱스 챌린지 · DRC)'에서 마침내 1등을 차지한다. 바로 '휴보'다. 휴보의 아버지로 불리는 오준호 KAIST 기계공학과 교수(61)를 만나 우승 비결을 물었더니 그는 대뜸 "100.000% 완벽한 준비 덕분"이라고 강조했다. 휴보는 이번 대회에 'DRC휴보 II'라는 이름으로 출전해 미국, 일본 등에서 온 총 24개팀과 실력을 겨뤘다.》

○ 연구실 회식은 연말에 단 한 번

오 교수는 '엉덩이가 무거운 과학자'로 소문나 있다. 문제를 해결할 때까지는 결코 포기하지도, 다른 데로 눈을 돌리지도 않기 때문이다. 그의 강력한 무기는 시간이다. 투자할 수 있는 최대한의 시간을 연구에 쏟는다. 그는 "연구하는 시간이 아까워 외부에서 식사 약속을 거의 하지 않는다. 아마 내가 KAIST에서 가장 많은 시간을 교내에서 보내는 교수일 것"이라며 웃었다(기자도 이날 오 교수와 학교 식당에서 식판을 들고 다니며 점심을 먹었다). 이런 습관은 연구실에 있는 대학원생들에게도 그대로 전수됐다.

"우리 연구실은 회식을 1년에 한 번, 연말에만 합니다. 간혹 다 같이 저녁 먹는 일이 있어도 8시면 다시 연구실에 올라오지요. 점심시간에도 기다리는 시간이 아까워 오후 1시쯤 가서 빨리 먹고 오고요. 실험실에서 짜장면 시켜먹는 일도 비일비재합니다."

휴보를 앞세워 출전한 '팀 KAIST'는 2013년 열린 첫 대회에서는 16개 팀 중 11위에 그쳤다. 본선 도중 갑자기 발목 모터가 고장 나는 등 악전고투했다. 일본 팀의 우승을 바라보며 눈물을 삼켰던 KAIST 연구원들은 지난 1년 6개월 동안 단 한 번이라도 일어날 수 있는 변수를 모두 점검하며 이번 대회를 대비했다. 이번 대회 첫째 날에도 드릴이 부러지는 사고를 겪었지만, 곧 평정심을 되찾고 다음 날 순위를 역전시켰다. 무지막지한 연습의 힘이었다.

"우리 로봇이 세계 최고 기술을 구현했다고 말할 수는 없지만, 로봇의 구조와 동작을 안정시키고 오작동을 막는 일은 누구보다 공을 들였습니다. 사실 다른 팀도 연습 때는 잘했으니까 대회에 오지 않았겠어요? 하지만 60~70%의 성공률을 갖고 대회에 오면 다 쓰러질 수밖에 없어요. 결국 그동안 쏟은 시간이 우승을 안겨준 거죠. 공학은 100,000% 정직합니다."

○ 휴보에 맞춤형 기술 적용

미국 국방부 산하 방위고등연구계획국(DARPA)이 2012년에 이 대회를 처음 열겠다고 발표했을 때 수많은 로봇공학자는 '불가능한 미션'이라고 입을 모았다. 이 대회는 원자력발전소에서 사고가 났음을 가정하고 로봇이 들어가 8개의 미션을 해결하도록 요구한다. 먼저 △로봇이 운전을 해서 사고 현장까지 들어가 차를 세우고 △스스로 차에서 내려야 한다. 이어서 △문을 열고 오염된 실내로 들어간 다음 △밸브를 잠가야 한다. 다음엔 △전동공구를 들어 벽에 구멍을 내고 △깜짝 과제를 수행한 후 △잔해물을 돌파해 건물을 빠져나온다. 마지막으로 △계단을 성큼성큼 걸어 올라가야 한다. 휴보는 8개의 과제를 44분 28초만에 모두 완수했다.

"사실 이런 대회는 적당히 점수 따기로 접근하면 더 쉬워요. 못하는 과제 한두 개를 포기하면 나머지 과제는 생각보다 쉽거든요. 하지만 그러면 대회가 추구하는 도전(챌린지)이 아니죠. 8개 과제를 다 해내려다 보니 과감하게 모든 것을 버리고 바꿨어요. 아담했던 휴보의 키(125cm)도 168cm로 키우고 다리에 대용량 축전기를 달아 힘도 키웠죠."

보이지 않는 비장의 무기도 있었다. 차에서 자연스럽게 뛰어내리는 기술, 즉 '수동 순응 제어(패시브 컴플라이언스 컨트롤)'라고 불리는 기술이다.

"차에서 내리려면 멈춘 자세로 있다가 점프를 해야 해요. 그런데 로봇은 이게 참 어려워요. 점프한다고 한쪽 발에만 힘을 주거나 손을 놓으면 대번 쓰러지거든요. 이 동작이 하도 안 되니까 차에 발판을 달아 편법으로 해결한 팀도 있어요. 우리가 사용한 것은 로봇이 시시각각 변하는 환경에 맞춰 힘을 수동적으로 안배하는 기술이에요. 기술적으로 말하면 중력이나 마찰계수에 맞춰 미세하게 힘을 조절하는 거죠."

오 교수는 이와 함께 앉았다 일어나면서 휴보가 두 발과 바퀴를 자유롭게 이용하도록 한 변신 기술을 가장 스마트한 기술로 꼽았다. 그러나 오 교수는 휴보가 세계 1등 로봇이냐는 질문에는 고개를 저었다. 다른 로봇들이 미션에 실패하며 넘어지는 모습을 보며 짠한 마음에 눈물이 났다는 그는 "2등을 한 미국 로봇 아틀라스를 비롯해 출전한 모든 팀이 다 세계 최고"라고 말했다. 이번 대회에서 2, 3등을 차지한 로봇은 8개의 미션을 모두 완수했으나 시간은 휴보가 가장 빨랐다.

○ 목표 위해서라면 독재자도 불사

오 교수는 대회 우승 직후 '독재자 리더십'으로 화제가 됐다. 한국에서 기자회견을 하던 중 연구실의 한 학생 입에서 '독재자'라는 말이 튀어나왔기 때문이다. 그는 "난감하기는 했다"면서도 "리더는 독재자가 될 수밖에 없다. 방향을 정하는 것은 결국 리더의 책임이기 때문"이라고 단호하게 말했다.

"KAIST 학생들은 우리나라에서 가장 똑똑한 학생들이에요. 다들 자기가 옳다고 생각하는 방향으로 가려고 하죠. 전 바로잡아주려고 노력하지만 강압적으로 요구한 적은 없어요. 물론 학생들도 굽히지 않지만 저도 포기하지 않죠. 제 뚝심이 더 세니까 독재자라는 말이 나왔을 거예요. 그래도 시간이 지나면 제 얘기가 옳다는 걸 알게 됩니다. 이 과정에 2, 3년이 걸린 친구도 있었어요. 대회에 우승해서 그런지 한 달 전부터 제자들이 말을 잘 듣네요, 허허."

그의 연구실을 '특공대'라고 부르는 사람도 있지만, 그는 사실 마음이 여린 사람이다. 우승자를 가린 대회 2일 차에도 직접 가서 보지 못하고 멀리 떨어진 곳에서 모니터로 대회를 지켜봤다. 그는 "학생들이 나 때문에 로봇 조종하는 데 부담스러워할까 봐 그랬다"며 "사실 영화도 아슬아슬한 장면이 나오면 채널을 돌린다"고 털어놨다.

○ 휴머노이드 연구에 철저한 몰입

오 교수가 휴보를 만들어야겠다고 처음 생각한 것은 2000년이었다. 일본의 아시모를 보고 떠오른 생각이었다. 실제로 뛰어든 것은 2002년이었지만 당시 정부가 휴머노이드 개발에 투자하지 않는 바람에 이리저리 연구비를 끌어와 간신히 로봇을 만들어야 했다. 2004년, 우여곡절 끝에 산업자원부에서 연구비를 받게 되면서 본격적으로 연구를 시작했으며, 10년 동안 50억 원 정도를 투자받아 지금에 이르렀다. 한때 전시행정이라는 말도 들었고 왜 쓸 데도 없는 휴머노이드를 개발하느냐는 비아냥까지 들었다. 서글펐지만 그럴수록 발길은 연구실로 향했다.

"철저하게 몰입했죠. 지금도 학생들에게 48시간, 72시간 연구만 하라는 말을 해요. 그건 절대 시간을 뜻하는 말이 아니에요. 그만큼 몰입을 해야 자나 깨나 생각에 젖어서 연구에만 집중할 수 있다는 거죠. 이번에 받은 상금 200만 달러(약 22억 원)도 연구비로 쓸 계획입니다."

2000년대 들어 로봇을 개발할 생각을 했다지만, 사실 오 교수는 어린 시절부터 못 말리는 '기계 마니아'였다. 고물상에서 전기 모터와 프로펠러를 구해 소형 모터보트를 만들고 집 옥상에서 로켓을 발사해보다가 폭발사고를 경험하기도 했다. 하지만 학교 공부는 엉망이었다. 고교 1학년 때 그는 반에서 64명 중 58등을 했다. 그는 "학교 공부에 흥미를 느끼지 못했다. 그러다 2학년 수학 시간에 미적분을 처음 배웠는데 이게 과학자가 되는 길이라는 생각이 들어 갑자기 흥미를 느꼈다"고 말했다. 그날 이후 그는 방문을 닫아걸고 공부에 열중했다.

"고교 3학년 때 담임선생님이 서울대에 가라고 했어요. 하지만 전 기계공학만 공부하면 됐지 어느 대학이냐는 상관이 없었죠. 그래서 연세대 기계공학과로 진학했어요. 집에서 아주 가까웠거든요. 대학 생활은 너무 재미있었어요. 고등학교 때 궁금했던 고등수학이나 운동역학, 물리학 법칙 같은 것을 배울 수 있었으니까요. 전 살면서 늘 해야만 하는 일보다 하고 싶은 일을 주로 했어요. 휴보를 만든 것도 하고 싶은 일이었죠."

대한민국을 대표하는 로봇공학자는 로봇의 미래를 어떻게 보고 있을까. 영화 속 '터미네이터'는 정말 가능할까. 오 교수는 "로봇이 발전할 것은 분명하지만, 앞으로 5년 안에 어떤 로봇이 나올지는 도저히 모르겠다"면서도 "청소 로봇처럼 사람과의 상호작용이 단순한 로봇이 먼저 각광받을 것"이라고 예상했다.

"로봇을 영화 속 모습으로만 생각해서는 안 돼요. 휴보가 전부는 아니라는 뜻이죠. 요즘 유행하는 사물인터넷이라는 말처럼 모든 사물 안에 로봇의 기능이 많이 가미될 거예요. 냉장고가 로봇으로 바뀌는 셈이죠."

휴보,
세계 최고의
재난구조로봇